《河北省渤海粮仓科技示范工程》系列丛书

河北省渤海粮仓科技示范工程

——新型实用技术

· 李万贵　李元迎　主编 ·

中国农业科学技术出版社

图书在版编目（CIP）数据

河北省渤海粮仓科技示范工程. 新型实用技术／李万贵，李元迎主编. —
北京：中国农业科学技术出版社，2019.5

（《河北省渤海粮仓科技示范工程》系列丛书）

ISBN 978-7-5116-4171-7

Ⅰ.①河…　Ⅱ.①李…②李…　Ⅲ.①低产土壤-粮食作物-高产栽培-栽培
技术-研究-沧州　Ⅳ.①S51

中国版本图书馆 CIP 数据核字（2019）第 082571 号

责任编辑	徐定娜　周丽丽
责任校对	贾海霞

出 版 者	中国农业科学技术出版社
	北京市中关村南大街 12 号　邮编：100081
电　　话	（010）82105169（编辑室）　（010）82109702（发行部）
	（010）82109709（读者服务部）
传　　真	（010）82106650
网　　址	http://www.castp.cn
经 销 者	各地新华书店
印 刷 者	北京建宏印刷有限公司
开　　本	787 mm×1 092 mm　1/16
印　　张	16
字　　数	370 千字
版　　次	2019 年 5 月第 1 版　2019 年 5 月第 1 次印刷
定　　价	80.00 元

《河北省渤海粮仓科技示范工程》系列丛书

编 委 会

《河北省渤海粮仓科技示范工程——新型实用技术》
编 写 人 员

主　　编：李万贵　李元迎

编写人员：（按姓氏笔画排序）

万书勤	马俊永	马继芳	王　千	王　昆
王树林	吕　芃	刘孟雨	刘振宇	米换房
孙宏勇	李文治	李书元	李科江	李顺国
李　敏	李　谦	李瑞影	闫文江	张玉铭
张海娜	张寒霜	张　谦	陈素英	邵立威
耿军义	贾秀领	徐玉鹏	徐俊杰	郭　凯
阎旭东	智健飞			

《河北省渤海粮仓科技示范工程》系列丛书
编写说明

渤海粮仓科技示范工程是由科技部、中国科学院联合河北、山东、辽宁、天津等省市共同实施的国家科技支撑计划项目。河北省是项目实施的主要区域，覆盖面积占总面积的 60%，涉及沧州、衡水、邢台、邯郸 4 市和曹妃甸区共计 43 个县（市），耕地面积 3 387 万亩（1 亩 ≈ 667 m²，1 hm² = 15 亩。全书同），占全省耕地面积的 34%。河北省政府依托科技部项目实施了河北省渤海粮仓科技示范工程，将其作为河北省战略性增粮工程，连续 5 年将该项工作写入省委"一号文件"和政府工作报告。

该示范工程共组织了包括中国科学院、中国农业大学、河北省农林科学院、沧州市农林科学院、衡水市农业科学研究院、邢台市农业科学研究院、邯郸市农业科学院、河北省农业技术推广总站、示范县技术站以及相关企业、新型经营主体等 192 家单位参加。工程依照"技术研发、成果转化、示范推广" 3 个层次设立课题，其中，设立技术研发课题 9 个、成果转化课题 110 个、示范推广县 43 个，研发一批关键技术，转化一批科技成果，并在项目区 43 个县大面积示范推广。

项目实施以来，共申请专利 52 项，已获授权 42 项，其中发明专利 8 项；制定地方标准 22 项，软件著作权 4 项；发表学术论文 130 余篇，出版专著 8 部，出版主推技术系列科教片 15 部，培养科研技术骨干、研究生 37 人，培训技术人员、新型经营主体负责人、农民等 5 万人次以上；培育扶植新型经营主体 65 个，扶植企业 96 家。建立百亩试验田 40 个，千亩示范方 110 个，万亩辐射区 95 个，形成技术模式 8 项，转化适用成果 110 项。在沧州、衡水、邯郸、邢台 4 市累计推广 5 197 万亩，增粮 47.6 亿 kg，节水 41.4 亿 m³，节本增效 109 亿元。

2016 年 7 月，河北省渤海粮仓科技示范工程创新团队被中共河北省委、省政府评为"高层次创新团队"，2017 年 1 月，河北省渤海粮仓科技示范工程创新团队获"2016 年度河北十大经济风云人物"创新团队奖。国家最高科学技术奖获得者李振声院士评价河北渤海粮仓项目：技术模式突出，措施有力，成效显著，工作走在了全国前列。

　　为了记述河北省渤海粮仓科技示范工程实施以来的工作实践和基本经验，我们汇集了工程所取得的成果，分为《河北省渤海粮仓科技示范工程——管理实践与探索》《河北省渤海粮仓科技示范工程——论文汇编》《河北省渤海粮仓科技示范工程——知识产权》《河北省渤海粮仓科技示范工程——新型实用技术》《河北省渤海粮仓科技示范工程——成果转化与基地建设》5 本丛书出版，旨在归纳总结工作，力求为今后重点科技工程项目实施提供一些借鉴。我们对整个工程实施制作了专题片，感兴趣的读者可扫描以下二维码观看。

编　者

2019 年 3 月

目　录

第一部分　耕作与栽培技术

第二部分　节水灌溉与土壤保育施肥技术

第三部分　植物保护技术

第四部分　农机农艺结合与农业机械配套技术

第五部分　农牧结合配套技术

第六部分　其他技术类

第七部分　扫码视频会技术
——河北省渤海粮仓科技示范工程出版系列技术科教片

第一部分
耕作与栽培技术

冬小麦"六步法"旱作种植技术

1. 技术概述

针对雨养旱作区的生态和气候特点，沧州市农林科学院经过试验研究形成了"品种选择—重施基肥—缩行增密—精细播种—重度镇压—春季追施水溶肥"六步法种植技术。该技术以肥、水、作物产量为核心，以肥调水，以水保肥，充分发挥水肥协同效益，提高抗旱能力和水肥利用效率。

该技术通过重施底肥，保证旱地小麦全生育期营养需求。重度镇压，有效防止跑墒漏墒。精细播种，保证苗匀苗全。合理密植，保证适宜群体。利用春季追施水溶肥技术，有效提高肥料吸收利用率，保证后期小麦营养需求。增产效果显著，一般增产10%以上。

2. 技术要点

（1）品种选择

选用抗旱耐盐丰产小麦新品种，如沧麦12、冀麦32、沧麦112和沧麦6005等。

（2）重施基肥

每亩底施有机肥1 000～1 500 kg，复合肥30～50 kg，保证全生育期小麦营养需求。

（3）缩行增密

将小麦行距由传统的大行距改为17～20 cm的小行距，在小麦播种期内亩播量11.5～15 kg。

（4）精细播种

播深3～5 cm，均匀一致。

（5）重度镇压

改传统轻度镇压为播后、冬前、春季重度镇压，防止跑墒漏墒。

（6）春季追施水溶肥技术

于小麦返青至起身期前后进行追肥，每亩选择NPK复合速效性水溶肥或尿素20 kg充分溶解于1～2 m³水中。将溶解后的肥溶液，利用水溶肥追施机，沟施于两行麦垄之间，隔行施肥。施入深度3～5 cm，小麦根系附近。施肥后及时覆土镇压。

3. 注意事项

①注意六个关键环节的同时，加强田间管理，及时进行杂草及病虫害防治。
②该技术适宜区域为黑龙港流域雨养旱作及非充分灌溉区。

4. 技术咨询服务机构

沧州市农科院
联系人：阎旭东　13833984689　徐玉鹏　13932763123

旱作冬小麦微垄覆膜沟播种植技术

1. 技术概述

该技术由沧州市农科院研发。选择抗旱耐盐小麦新品种，精细整地后起垄，垄底宽 45 cm，垄距 45 cm，垄上覆 55 cm 宽的 0.008 mm 薄膜，小麦播种在薄膜两侧沟内，行距 15 cm，播 4 行。同时配套研发冬小麦微垄覆膜沟播机，旋耕、施肥、覆膜、播种、镇压一体化作业，提高了播种质量和效率。2017 年立项河北省地方标准《旱作冬小麦微垄覆膜沟播种植技术规程》项目计划编号 NY201732。

该技术通过在田间起垄，垄面覆膜，可有效改善旱地小麦水分供应状况，实现降水由垄面（集水区）向沟内（种植区）汇集，集雨效果显著；边行优势明显，通风透光性强，小麦抗倒伏能力强；同时能将微小的无效降雨（<5 mm）变为有效降雨，达到雨水就地汇集、利用的目的。小麦覆膜种植条件下，可以抑制膜下水分的蒸发，利于保蓄土壤水分，改善小麦水肥利用状况，能有效提高作物的水分利用效率，从而促进小麦生长发育，最终增加小麦产量。增产效果显著，一般增产 15% 以上。该技术已在沧州市的沧县、黄骅示范应用。

2. 技术要点

（1）施足底肥

旋耕时结合施有机肥 1 500 kg/亩，复合肥 40 kg/亩。

（2）精细整地

采用深松+旋耕的整地方式，每 3 年深松 1 次，深度 40 cm 以上。播前结合施底肥旋耕，精细整地。

（3）品种选择

选用抗旱、耐盐、优质、丰产冬小麦新品种。保证种子纯度，并进行精选。

（4）适期足墒播种

于 10 月上中旬、耕层（0~20 cm）田间持水量达 60%~70% 时即可播种。

（5）起垄覆膜沟播种植模式

整地后起垄，垄底宽 45 cm，垄距 45 cm，垄上覆 55 cm 宽的 0.008 mm 薄膜。小麦播种在薄膜两侧沟内，行距 15 cm，播 4 行。

（6）播种量

播种量为 8.5~10 kg/亩。播深 3~5 cm，要求播深一致，播后镇压。

（7）化学除草

播后苗前垄沟进行土壤封闭，每亩用阿特拉津、乙草胺各 100 g，兑水 60 kg 均匀喷雾。

（8）病虫草害防治

返青期—拔节期，以防治麦田杂草、纹枯病、麦蜘蛛为主，兼治白粉病、锈病。孕穗至抽穗扬花期，以防治吸浆虫、麦蚜为主，兼治白粉病、锈病、赤霉病等。

（9）一喷三防

小麦生育后期常发生的病虫害是白粉病、锈病、蚜虫、吸浆虫，在抽穗至灌浆前，将杀虫剂、杀菌剂与磷酸二氢钾混用，实施"一喷三防"。

（10）适期收获

小麦蜡熟末期至完熟初期及时收获。若收获期预报有降雨过程，应适时抢收。

3. 注意事项

①保证整地质量；精细播种；要求施足底肥。
②该技术适宜区域为黑龙港流域雨养旱作区及非充分灌溉区。

4. 技术咨询服务机构

沧州市农科院
联系人：阎旭东　13833984689　徐玉鹏　13932763123

小麦玉米双早双晚高效种植技术

1. 技术概述

环渤海低平原冬小麦生长季节，光热资源受限、水资源明显不足，产量提升的潜力较小；夏玉米生长季节光热资源充足，降水丰富，产量提升潜力巨大。根据两季作物的生长特点，提出了冬小麦晚播早收和夏玉米早播晚熟两早两晚高效种植技术，在不增加管理成本的条件下，实现全年粮食稳产高产。

技术增产增效情况：小麦产量 420～480 kg/亩、玉米产量 580～650 kg/亩，年产量 1 000～1 130 kg/亩；水分利用效率冬小麦 1.6～1.8 kg/m³、夏玉米 2.2～2.4 kg/m³，年平均水分利用效率 1.9～2.1 kg/m³。

2. 技术要点

(1) 双早双晚

冬小麦适时晚播增加播量（10 月 10—15 日，播量增加 2～4 kg/亩)+冬小麦适时早熟（6 月 10 日前），夏玉米适时早播（6 月 10—15 日)+夏玉米适时晚收（10 月 5—10 日）。

(2) 调亏灌溉

冬小麦生育期实施调亏灌溉，正常或者偏旱降雨年型（生育期降雨量 80～120 mm）拔节期和扬花期灌溉 2 次，多雨年型（生育期降雨量大于 130 mm）拔节期灌溉 1 次；低平原区拔节期可以采用矿化度小于 5 g/L 的浅层微咸水或地表微咸水灌溉替代一次深层淡水。

(3) 品种选择

冬小麦采用适合晚播、开花期早、生育期较短的耐旱品种；夏玉米选择生育期 110 d 以上的高产品种。

(4) 玉米的种植方式

采用窄行匀播（38 cm 行距和 38 cm 株距）。

3. 注意事项

①9 月下旬日气温降低到 13℃ 以下时，玉米灌浆强度显著减弱，根据天气情况适时收获。

②该技术适宜区域为河北省低平原小麦玉米一年两熟种植微咸水灌溉地区。

4. 技术咨询服务机构

中国科学院遗传与发育生物学研究所农业资源研究中心
联系人：邵立威　张喜英　陈素英　联系电话：0311-85871762

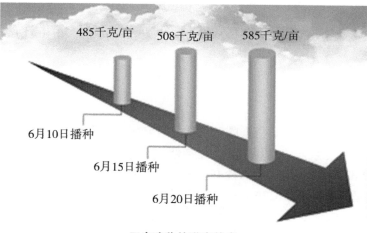

485千克/亩　　508千克/亩　　585千克/亩

6月10日播种

6月15日播种

6月20日播种

玉米晚收的增产效应

半冬性小麦衡 S29 节水、耐旱、高产简化种植技术

1. 技术概述

衡 S29 小麦是河北省农林科学院旱作农业研究所通过衡 98-5229 系统选育而成的抗逆、广适、丰产小麦系列新品种。其特征特性：半冬性，全生育期 241 d，比对照品种良星 99 早熟 2 d。幼苗匍匐，抗寒性好，分蘖成穗率高。株型紧凑，旗叶上冲，茎叶蜡质较多，株高适中（省审 73.36 cm），茎秆柔韧，抗倒性好。穗纺锤形，长芒，白壳，白粒，籽粒角质、饱满度较好。亩穗数 47.2 万穗，穗粒数 34.2 粒，千粒重 39.8 g，构成了高产要素。抗寒性鉴定，抗寒性级别 1 级。抗病性鉴定，中抗条锈病。品质检测，籽粒容重 803 g/L，蛋白质含量 14.76%，湿面筋含量 32.4%，沉降值 22.7 mL，吸水率 57.2%，稳定时间 2.1 min，最大拉伸阻力 126 E.U.，延伸性 145 mm，拉伸面积 25 cm^2。

2015 年通过了河北省审定，审定编号为 2015002；2016 年通过了国家审定，审定编号为 2016025，为实现华北地下水压采、保证国家粮食安全提供了新的物化成果，已列为河北省节水小麦推广品种。

2012—2013 年度参加黄淮冬麦区北片水地组区域试验，平均亩产 514.4 kg，比对照品种良星 99 增产 3.3%；2013—2014 年度续试，平均亩产 602.6 kg，比良星 99 增产 3.4%。2014—2015 年度生产试验，平均亩产 588.7 kg，比良星 99 增产 2.9%。2015 年，经国家"粮食丰产科技工程"河北省项目区管理办公室邀请专家，对深州市前营村百亩连片示范方进行实收测产，平均亩产达到 676.18 kg，比当地一般麦田亩增产 150 kg 以上。

2. 技术要点

河北适宜播种时间 10 月 8—15 日，亩播量 11～12.5 kg，每推迟 1 d，可适当增加 0.25～0.5 kg 播量，同时避免播种过早、播量过大造成群体过大，每亩适宜基本苗 18 万～22 万株。

（1）冬前管理

小麦浇冻水适宜温度一般从日平均气温降到 3℃时开始，要在麦田上大冻前完成冬灌，达到昼消夜冻，浇完正好；冬前除草时间一般在小麦播种后浇完蒙头水（第一水）后的 40 d 以后，小麦正值 4 叶或 4 叶 1 心期，对除草剂较为耐受，4 叶以后用药最为安全，用药时平均气温应高于 6℃，在上午 10 时至下午 3 时左右为宜；在小麦越冬期对小麦进行镇压，可以压碎土块，弥补裂缝，对土壤起到保湿保温、能够起到有利于小麦安全越冬的作用。

（2）春季管理

除苗势较弱、墒情较差的地块外，一般不浇返青起身水，不施返青起身肥。墒情较好的壮苗麦田春一水可推迟至拔节期，促进两极分化，减少无效分蘖，结合灌溉追施氮肥或氮钾肥亩施 15～20 kg。4 月天气干旱时，5 月 1 日前后浇一次抽穗灌浆水，建议不浇落黄水，强调 5 月 15 日后不再浇水。

（3）病虫害防治

及时防治赤霉病、麦蚜、吸浆虫等病虫害。

3. 注意事项

①播种时间要适期，尽量不要播种过早或过晚，否则会遭受冻害或分蘖不足。

②如果返青时土壤墒情好，苗情壮，建议不要浇水过早，3 月 20 日后再浇水施肥。

③在小麦抽穗扬花期要做好一喷三防工作，及时防治病虫害。

④建议不浇落黄水，5 月 15 日后不再浇水，防止倒伏。

⑤收获时，根据天气情况，如天气晴朗，适时晚收；如遇到阴雨天气，要及时收获，避免种子被雨淋。

⑥该技术适宜区域为黄淮冬麦区北片的山东、河北中南部、山西南部水肥地块种植。

4. 技术咨询服务机构

河北巡天农业科技有限公司

联系人：李书元　18931872299　孟龙　18032751575　张玉辉　18715966825

沧麦 119 小麦节水稳产配套栽培管理技术

1. 技术概述

通过渤海粮仓科技示范工程多抗节水沧麦 119 项目的实施，集成了一整套沧麦 119 节水稳产配套栽培管理技术，主要有玉米秸秆还田、施足底肥、精细整地、足墒播种、确定播期、播量、播种深度、因地因苗制宜，巧用肥水科学促控、防控病虫、化学除草、浇水镇压，抗旱防冻、镇压提墒，趁雨追肥、预防冻害，及时补救、抓住关键时期，搞好中后期病虫防控。春季管理重点是：促弱转壮，控旺保稳，合理运筹水肥，狠抓春季化除，抗旱防冻减灾、构建合理群体，促穗足、增粒多、争粒重。

2015—2016 年技术实施面积 10.5 万亩，亩增产 50 kg，增效 1 365 万元。2016—2017 年技术实施面积 13 万亩，亩增产 50 kg，增效 1 690 万元，累计增效 3 055 万元。

2. 技术要点

（1）玉米秸秆还田

秸秆还田可以培肥地力，增加土壤有机质，但是也带来了整地困难、传播土壤病害等问题。秸秆还田整地不好，会造成保墒、保温困难，导致小麦出苗不好。本技术要求秸秆还田旋耕两遍以上，旋耕深度要在 15cm 以上。如果秸秆还田整不好，播种深浅不一，出苗不好，到第二年返青期，地里出现一片片死苗现象。

（2）施足底肥

化肥施用量推荐：施用的化肥可选二铵、复合肥、过磷酸钙、尿素等，用量磷肥 18 个到 20 个；氮肥 15 个到 18 个；钾肥 10 个左右，不超过 15 个。秸秆在土壤腐熟的过程中，需要氮素的参与，所以在复合肥的基础上，再加上 10 kg 的尿素。否则，秸秆和小麦争夺氮肥，年前小麦苗长不好。所以在 15 个到 18 个氮的基础上，再加上 10 kg 尿素。

（3）精细整地

"七分种，三分管"，整地是关键。整地良好的直观标准为上虚下实、地里看不到秸秆，播完种后在地里行走，感觉地不太软，不陷脚。

很多地方用旋耕犁整地，旋耕而不深耕，会造成土壤在 15 cm 以下成一个坚硬的犁底层，严重影响作物的产量。

镇压措施，有利于抗旱保苗。如果播种机自带的镇压器太轻，为了达到镇压效果，则需要进行单独镇压，镇压一遍等于浇一次水。注意镇压时地不能太湿。

（4）足墒播种

利用三墒耕播技术：雨季蓄墒，锄划保墒，科学用墒，播种时随耕耙、随播种、随镇压。足墒播种的小麦肯定出苗好，但是足墒播种有时候很多地方做不到，因为很多麦田都是黏土地。所以黏土地很多情况下需要上蒙头水。播完种以后，不要立即上蒙头水，因为地本身比较暄，上蒙头水后，种子就随着蒙头水往下渗，影响出苗。一般播完种，大概 5～6 天左右，小麦种子已经开始发芽了，这个时间上蒙头水，出苗不受影响。

（5）确定播期、播量

一般情况下，10 月 5～15 日是小麦播期，播的早会不抗冻，播的晚了小麦产量会受到一定影响。最佳播量 15～22.5 kg，一般 17.5～20 kg 为好。

（6）播种深度

播种深度掌握在 3～5 cm。播的浅了不抗冻也不抗旱，播的深了小麦苗太弱。调整好播种机。

（7）因地、因苗制宜，巧用肥水科学促控

对水浇麦田，要因地制宜进行肥水调控。三类苗以促为主。春季追肥于返青期 5 厘米地温稳定在 5℃ 左右时追肥浇水，亩施尿素 20 kg 左右和适量的磷钾肥，提高成穗率，促进小花发育，增加穗粒数。二类苗促控结合。对地力水平一般亩茎数 60～70 万的二类麦田，应结合返青水亩施 20 kg 左右尿素，推迟起身水或根据天气情况不浇起身水。一类苗控促结合。返青期、拔节期喷施果白金叶面肥，使小麦均衡生长，控制植株旺长，防止生育后期倒伏。返青期追肥浇水，亩追尿素 20 kg 左右，拔节期浇第二水。旺长苗以控为主。对无脱肥现象的，应早春镇压蹲苗，避免过多春季分蘖发生。沧麦 119 可减少浇水 1 次。

（8）防控病虫，化学除草

强化春季化学除草。在春季日均温度稳定在 8℃ 以上之后，选择晴好天气，上午 10 点至下午 4 点，根据田间杂草种类，选择对路除草剂加入果白金叶面肥，及时进行化除，并严格按照使用浓度、适宜时期和技术操作规程操作，以免发生药害。根据当地预报，做好赤霉病、纹枯病、全蚀病、蚜虫、麦蜘蛛、吸浆虫等病虫害的防治。

（9）浇水镇压，抗旱防冻

对墒情较差的麦田，早春土壤解冻后及时补灌，抗旱保苗，浇水过后及时划锄，提高地温，破除板结，改善土壤墒情，防止或减轻冻害威胁。镇压与划锄结合进行，先压后锄，提墒保墒增温。对播种时整地粗放、土块多和没有水浇条件的麦田，早春土壤化冻后及时镇压，沉实上坡，弥合裂缝，减少水分蒸发，促进根系生长。早春小麦返青后对旺苗进行镇压，也是控旺转壮的有效措施。

（10）镇压提墒，趁雨追肥

对没有水浇条件的旱地麦，要将镇压提墒作为春季麦田管理的重点措施，提高小麦抗旱能力。早春土壤返浆或雨后，用化肥耧施入氮肥，一般亩施尿素 15 kg 左右。对底肥没施磷肥的配施磷酸二铵。

（11）预防冻害，及时补救

密切关注天气变化，在降温之前及时浇水，改善土壤墒情，调节近地面层小气候，减小地面温度变幅，防御早春冻害。冻害发生后，要及时追施适量氮素化肥，然后浇水，促进受冻小麦恢复生长。

（12）抓住关键时期，搞好中后期病虫防控

一是搞好中期以吸浆虫为主的虫害防治，坚持蛹期防治为主、成虫防治为辅，搞好两次防治，坚决克服单一成虫防治。二是搞好"一喷三防"。做好小麦生育后期蚜虫、赤霉病、锈病等病虫害防治是保护叶片、延长绿叶功能期、提高千粒重、实现丰产丰收的重要措施。坚持以防为主、防治结合，在小麦抽穗 30% 左右进行用药，用多菌灵或苯甲多抗+杀蚜虫药+果白金叶面肥混配喷施，预防病虫害，提高灌浆速度。开花后，根据病虫发生情况进行第二次防治。

3. 注意事项

①由于每年气候条件变化较大，浇水、施肥、管理要根据气候变化情况灵活运用。
②该技术适宜区域为河北省冀中南冬麦区、河北省冀中北冬麦区、黑龙港冬麦区。

4. 技术咨询服务机构

沧州市农林科学院　泊头市蔬宝种业有限公司
地址：河北省泊头市岔道口街　电话：0317-8185788

小麦玉米高产节水栽培技术

1. 技术概述

通过建设一个 1 300 亩的小麦、玉米新品种高产节水栽培技术示范方，探索研究小麦、玉米新品种高产配套栽培技术，筛选出适合冀中南地区种植的综合性状优良、广适、多抗优质小麦和玉米新品种，形成小麦玉米节水高产栽培集成技术，同时实施集成技术推广辐射，集成技术推广年亩产小麦 520 kg、亩产玉米 580 kg 以上。在鸡泽县曹庄乡、小寨镇推广辐射面积 2.5 万亩，亩均节水 50 立方。

2015 年 6 月 6 日河北省渤海粮仓科技示范工程小麦田间测产专家组到核心示范区进行测产，平均亩产为 532.18 kg，对照区为 471.10 kg，亩增 61.08 kg，增产幅度为 11.28%；2015 年 9 月 16 日，由邯郸市科技局组织并邀请有关专家组成检测组，对鸡泽县承担的 2015 年河北省渤海粮仓科技示范工程"鸡泽县小麦玉米高产节水栽培技术集成与示范"的玉米示范田进行了现场检测。项目区玉米平均亩产 662.40 kg。对照区亩产 595.97 kg，亩增 66.43 kg。增产幅度为 11.11%；亩增产粮食 127.51 kg，共计增产粮食 335.3 万 kg。

2. 技术要点

（1）小麦技术要点

①选用高产、广适、多抗、优质小麦品种邯 6172。

②施足底肥、培肥地力。通过秸秆还田、增施有机肥提高土壤肥力。亩底施纯氮 18 kg、五氧化二磷 18 kg，硫酸钾 1.5 kg。

③造墒播种、深耕或深松达到 20 cm 以上，旋耕 2 遍，使土壤平整无土块，提高整地质量。并进行适当镇压，做到土壤上虚下实。

④适期适量播种、提高播种质量：10 月 5—10 日播种，亩播量 10～12 kg，一般行距 14～15 cm，播种深度 3～5 cm。播种时播种机匀速行走，保持 2～3 km/h 的速度，以确保播种均匀，深浅一致、行距一致、不漏播、不重播，播后镇压，减少缺苗断垄。

⑤12 月上旬（夜冻日消时）依据苗情，迟浇或不浇冻水，确保麦苗安全越冬。

⑥返青期中耕锄划，提温保墒。

⑦化控防倒。起身期亩茎数超过 120 万时要采取深中耕或化控防倒技术。

⑧拔节期浇水追肥，每亩追尿素 30 kg，抽穗前后浇第二水再亩追尿素 5～7.5 kg。

⑨综合防治病虫草害。春草秋治或返青—起身期搞好麦田化学除草。及时防病治虫，主要包括纹枯病、白粉病、锈病、赤霉病，蚜虫、红蜘蛛、吸浆虫等病虫防治。灌浆期结合防病治虫进行叶面喷肥 2～3 遍，防衰增粒重。

（2）夏玉米技术要点

①选用耐密高产品种，合理密植。选用郑单958玉米品种。充分发挥玉米的群体优势，合理增加种植密度，留苗密度要保证5 000株/亩。

②早播晚收。保证在6月12日前播完种，随后随即浇水，保证早出苗，同时适当推迟玉米的收获期到10月初。延长玉米的灌浆时间增加千粒重，提高产量。

③灭茬精播。玉米播种前必须使用灭茬机将麦茬和麦秸打碎，有利于玉米出苗并降低二点委夜蛾的危害。采用玉米机械化精量穴播机，播种前根据留苗密度和种子发芽率，计算好株距、行距。严格控制播种行走速度不超过4 km/h，提高播种质量。

④大喇叭口期机械追肥。提高效率和肥料利用率，还起到中耕的作用。大喇叭口期追肥采用玉米小型追肥机，隔行追肥，降低劳动强度。

⑤加强肥水管理。在播种时每亩施用氮磷钾复合（混）肥40 kg左右配合1.5 kg硫酸锌肥作为种肥。重施大喇叭口肥，每亩追施尿素30 kg。巧施花粒肥，在花粒期每亩补施尿素10 kg，保证玉米中后期不脱肥，实现穗大、粒多、粒重、品质好。保证关键水。要保证大喇叭口期、开花吐丝期、灌浆期这3个时期的水分供应，根据土壤墒情和天气情况，合理灌溉，克服靠天等雨的思想。

⑥中耕、化控防倒。一是高密度种植地块要特别注意预防倒伏，在玉米封垄前进行中耕培土，促进气生根发育，防止倒伏，利于排灌。二是综合防治病虫草害。播种前种子全部包衣。苗期注意防治蓟马、黏虫、棉铃虫、二点委夜蛾、瑞典蝇等虫害，穗期注意防治褐斑病、叶斑病、茎腐病、玉米螟等病虫害。三是适期晚收。收获期不早于10月1日，保证籽粒灌浆期45 d以上。

3. 注意事项

①玉米适时晚收，小麦适时晚播，小麦推迟春1水。
②该技术适宜区域为冀中南小麦玉米连作区。

4. 技术咨询服务机构

邯郸市农业科学研究院　鸡泽县蕾邦农作物种植专业合作社
地址：鸡泽县鸡曹路正言堡路段　电话：0310-7636308

春玉米起垄覆膜侧播种植技术

1. 技术概述

由沧州市农林科学院研究形成的春玉米起垄覆膜侧播种植技术，采取起垄覆膜的种植方式，将玉米侧播于膜侧沟内，充分利用春季微小降雨，同时通过薄膜覆盖保墒，有效解决困扰生产多年的春玉米"卡脖旱"问题，为提高春玉米产量奠定重要基础。2015 年，成功研发出配套的 2BYLM-4 型玉米起垄覆膜侧播"双垄四行"大型播种机，一次耕种可实现旋耕—起垄—整形—覆膜—施肥—播种—镇压一体化，一天播种可达 100 亩以上。2015 年《春玉米起垄覆膜侧播种植技术规程》通过河北省地方标准审定，标准号：DB 13/T 2183—2015。并被河北省渤海粮仓科技示范项目列为重点主推技术之一。

该技术通过起垄覆膜侧播种植，集雨、蓄水、保墒作用明显，水分利用率提高 20%以上；解决制约春玉米的"卡脖旱"问题。同时可提高地温 2～4℃，解决春季低温低发苗慢的问题。宽窄行种植通风透光，边行优势明显；膜侧播种抗倒伏能力显著增强。有效提高种植密度，增产 20%以上。该技术先后在黄骅、泊头、沧县、青县、东光、海兴示范区等县市大面积推广，推广辐射面积十余万亩。

2. 技术要点

（1）施足底肥

结合旋耕，每亩施玉米缓释肥 40 kg，$ZnSO_4$ 肥 1.5 kg/亩。有条件的增施有机肥 1 000 kg/亩。

（2）精细整地

采用深松+旋耕的整地方式，每 2～3 年深松一次，深度 40 cm 以上。播前结合施底肥旋耕，耕深 15 cm。精细整地，要求土壤细碎，地面平整。

（3）品种选择

选择国家或省品种审定委员会审定的适宜本区域种植的具有耐密、抗倒、抗病、优质高产特性的中晚熟玉米品种。种子发芽率 92%以上。

（4）适期足墒播种

土壤 5 cm 地温稳定通过 7℃，耕层（0～20 cm）土壤含水量达到田间最大持水量的 60%～70%时即可播种。

（5）起垄覆膜播种

采用起垄覆膜播种一体机播种，垄底宽 70 cm，垄高 10～15 cm，垄距 40 cm，垄上覆 80 cm 宽、厚 0.008 mm 可降解薄膜（降解天数 125～130 d）。贴膜两侧各播一行玉米。单株种植密度为 5 000 株/亩，双株种植密度为 6 000 株/亩。播深 3～5 cm，播后镇压。

（6）播后田间管理

①化学除草。播后出苗前垄沟内喷施除草剂，亩用 50%乙草胺乳油 100～120 mL，兑水 30～50 kg 喷施。

②化控。于玉米 8～10 叶期，喷施缩节胺等药剂控制株高，以防倒伏。

（7）病虫害防治

及时防治粗缩病、锈病、褐斑病、玉米螟、黏虫、蚜虫等病虫草害。

（8）收获

玉米达到完熟期后即可收获。及时晾晒、脱粒、贮存。

3. 注意事项

①保证整地质量；精细播种，保证种子芽率在 92%以上；要求施足底肥。

②该技术适宜区域为黑龙港流域雨养旱作及非充分灌溉区春玉米种植区。

4. 技术咨询服务机构

沧州市农林科学院

联系人：阎旭东　13833984689　徐玉鹏　13932763123

夏玉米宽窄行单双株增密高产种植技术

1. 技术概述

针对传统玉米等行距种植方式密度低，群体郁闭的问题，沧州市农林科学院研发了玉米宽窄行种植技术。采用宽窄行播种方式，高肥力地块，可采用一穴双株播种，密度每亩6 000株；肥力一般地块采用单株播种，密度每亩5 000株。2015年《玉米宽窄行一穴双株增密高产种植技术规程》通过河北省地方标准审定，标准号：DB 13/T 2181—2015，并且配套研发了玉米宽窄行单双株六行播种机，旋耕播种施肥镇压一体化作业，提高了播种质量和效率。

与传统方式相比，夏玉米宽窄行单双株增密高产种植技术合理增加种植密度，增加有效种植株数20%～33%，每亩增加玉米1 000株左右。采用宽窄行种植，边行优势明显，通风透光性强，玉米抗倒伏能力强。便于田间管理，解决了密植增产与通风透光的矛盾。增产效果显著，一般增产10%～15%。近几年已在黄骅、泊头、沧县、东光示范区大面积推广应用。

2. 技术要点

（1）施足底肥

旋耕前均匀撒施有机肥1 500 kg/亩，玉米专用复合肥35～50 kg/亩，$ZnSO_4$ 1.0 kg/亩。

（2）深松整地

采取旋耕+深松（每3年1次，深度30 cm）方式。翻后及时耙地，耙深15 cm以上。精细整地，要求土壤细碎，无大土块架空，地面平整，土壤疏松，表面有一层细土覆盖。

（3）品种选择

选择国家或省品种审定委员会审定的适宜本区域种植的具有耐密、抗倒、抗病、优质高产特性玉米品种。春播生育期125 d左右，夏播生育期96 d左右。

（4）种植模式

采用宽窄行播种，宽行70 cm，窄行40 cm。单株种植，穴距24 cm，密度5 000株/亩；双株种植，穴距40 cm，密度6 000株/亩。

（5）播种

于小麦收获后即6月中下旬播种。采用平播，播深3～4 cm，播后镇压。

（6）追肥

于玉米大喇叭口期（9～11片叶）时，追施尿素25 kg/亩。

（7）化学除草

播后苗前进行土壤封闭，每亩用阿特拉津、乙草胺各 100 g，兑水 60 kg 均匀喷雾。

（8）化控

于玉米大喇叭口期（9～11 片叶），喷施金得乐或玉黄金，严格按照说明施用。

（9）适时晚收

完熟期后，苞叶枯松、乳线消失、籽粒底部出现黑色离层时收获。

3. 注意事项

①保证整地质量；精细播种，保证种子芽率在 92% 以上；要求施足底肥。
②该技术适宜区域为黑龙港流域玉米种植区。

4. 技术咨询服务机构

沧州市农林科学院
联系人：阎旭东　13833984689　徐玉鹏　13932763123

麦后移栽棉栽培技术

1. 技术概述

麦后移栽棉两熟种植模式是一种高投入、高产出的粮棉双丰技术，麦后移栽棉可在保证小麦高产的同时，大幅提高后茬棉花的产量，同时提高棉花的霜前花率。小麦品种选用产量潜力大的品种，正常收获，棉花品种选用中早熟杂交种，5月中旬育苗，小麦收获后移栽，通过一系列促早催熟栽培技术，使得小麦产量达到500 kg/亩以上，棉花产量达到250～275 kg/亩。

2. 技术要点

（1）棉花育苗移栽技术

①品种选择。选择生育期120 d左右的中早熟品种，如冀杂2号、冀228等。

②穴盘育苗播种。一般采用72孔穴盘，棉花专用育苗基质，每袋50 L可装15盘；利用小拱棚或大棚，建立基质育苗苗床，播种前一周做好苗床，床面宽约1.3 m，可横放2排穴盘苗床长度按育苗数量而定，床面整平拍实后铺上一层地膜。

育苗时间掌握在5月中旬，移栽前30 d左右；装盘前一天将基质喷水拌匀，含水量调节到50%～60%，以手捏有水流出、30 cm高处落地即散为度，在基质蓬松状态下装盘，用木板刮平，装好后5～6盘摞放在一起，轻轻按压，使每个穴孔压出一个2 cm左右的深坑。

播种时把棉种平放在穴孔中央，一穴2粒，盖上一层基质，再撒上蛭石用木板刮平，将穴盘整齐地排放在苗床上，在苗床上摆满穴盘后再喷一次小水，喷湿为宜，否则影响出苗，待表面水下渗后在穴盘上及时覆盖一层地膜保墒增温。

③苗床管理。

揭膜脱帽：播种3～4 d后要及时查看苗情，当有50%～60%发芽出土时，揭去地膜，使小苗见光绿化，如有子叶带帽出土，要及时人工"脱帽"。

喷叶面肥：80%左右棉苗子叶平展时，选择晴天上午喷施叶面肥，促进棉苗矮壮。

通风降湿：播种至齐苗期苗床温度保持在28～33℃，2片真叶到移栽，床温调控在25℃左右。

基质保湿：播种后保持基质湿润是基质穴盘育苗实现苗齐苗壮的关键，穴盘排放时要尽量保持水平，保证穴盘基质水分均匀。

补充水分：如4～5 d仍未出苗要及时补充水分，出苗后，当基质表面呈干燥疏松状态时要及时用喷壶浇水，2片真叶以后适时喷施叶面肥补充养分。

病害防治：基质育苗在苗期较少发生病虫害，可根据情况适当喷施1～2次多菌灵，预防苗病。

通风炼苗：基质育苗根系发达，在穴盘内生长可盘结成紧实的根坨，起苗前 7～10 d，苗床不再灌水，开始通风炼苗。

起苗前喷水：起苗前 1 d 必须喷施适量水，起苗时要连同基质一同取出，减少根系损伤，保证移栽后棉苗尽快恢复生长。

④移栽。小麦收获后迅速旋耕灭茬，结合整地亩施复合肥（15-15-15）50 kg，同时进行开沟，沟距 60～70 cm，开沟深度 7 cm，采用半自动移栽机进行移栽，株距 20～25 cm；移栽后即灌水一次。

⑤前期管理。移栽后一周要喷施叶面肥促进棉苗生长；缓苗期正值六月中下旬干旱少雨，要特别注意预防蚜虫、红蜘蛛等虫害，发现后采用吡虫啉、阿维菌素等药物防治；现蕾后棉花生长发育加快，光热充足，棉花易出现旺长，要及时整枝。盛蕾期更要注意化控，亩喷缩节胺 1.0 g，若棉花生长过旺，可加大缩节胺用量；及时中耕以起到保墒、促进棉花根系生长的作用。

⑥中期管理。麦后移栽棉成铃期短，因此要保证棉花的水肥供应，遇旱要及时灌水，结合灌水追施尿素 10 kg/亩；移栽棉可留果枝 12～13 个，掌握在 7 月 25 日前打完顶心，不可过晚；花铃期虫害较多，要注意防治棉盲蝽、蚜虫、棉铃虫等。

⑦后期管理。麦后移栽棉花生育期推迟，以伏桃、秋桃为主，须喷施乙烯利，喷施时间要在 10 月上旬，喷施量为 40% 乙烯利水剂 300～400 g/亩。10 月 20 日拔棉柴整地，准备播种小麦。

（2）小麦田间管理技术

①播种。采用产量潜力较大的小麦品种，棉花吐絮基本完成后，及时拔除棉柴，争取小麦早播；播种量每亩 35～40 kg，保证小麦每亩基本苗 35 万～40 万株；播种深度 2～3 cm，并注意查苗补苗，若播深 3 cm 以上，胚芽鞘蘖不能出土，影响小麦产量，同时麦畦要刮平，畦埂不能太宽，为下茬棉花顺利机播创造条件。

②药剂拌种。用种子量 0.3% 的多菌灵、三唑酮拌种，可有效地预防小麦根腐病、赤霉病、纹枯病等病害发生。用小麦拌种剂拌种，可防治蝼蛄等地下害虫为害。

③施肥。用小麦测土配方涂层缓释一次肥，能使小麦高产不早衰，提前 2 d 成熟，为夏棉播种争取主动。用量每亩 50～60 kg 一次底施，全生育期不再追肥。若是秸秆还田地块每亩应再加尿素 7.5 kg，促进上茬作物秸秆迅速沤熟，防止它与麦苗争氮。

④浇好冻水。在小雪前后，夜冻日消时进行冬灌，使麦苗安全越冬，同时可推迟浇返青水，避免降低地温，抑制春季无效蘖，促进根系下扎，防止小麦后期早衰，为高产争取主动。

⑤病虫害防治。小麦病毒病可进行药剂拌种，并在苗后和早春喷施辛硫磷、蚜虱清，可加入病毒 A、硫酸锌等，防治好麦田灰飞虱和麦蚜，切断毒源，减轻危害；小麦赤霉病在齐穗后扬花前和灌浆期，用多菌灵纯品 1 000 倍液或 50% 多菌灵可温性粉剂 500 倍液喷雾防治；在气温 8～11℃时，注意查治麦田红蜘蛛，当百株虫量超过 20 头，

可用 1.8%阿维菌素 2 000 倍液喷雾防治；在 4—5 月，防治好小麦吸浆虫和麦蚜。

⑥浇好拔节水和麦黄水。在 4 月 20 日以后，要及时浇好小麦拔节水，到 5 月中下旬浇好麦黄水，为小麦丰产丰收奠定良好基础。

⑦收获灭茬。在小麦蜡熟期，小麦成熟时及时收获，防止养分倒流引起减产，确保小麦丰收，收时注意留茬，高度要低于 15 cm，麦秸要随时粉碎，以利夏棉播种。

3. 注意事项

①掌握育苗时间，移栽后灌水缩短缓苗期。

②该技术适宜区域为河北省南部地区。

4. 技术咨询服务机构

河北省农林科学院棉花研究所

联系人：王树林　林永增

电话：0311-87652081

电子邮箱：zaipei@ sohu. com

麦套春棉粮棉双高产栽培技术

1. 技术概述

麦套春棉技术将传统春棉一年一熟改为小麦、棉花一年两熟，充分利用棉田冬春空闲期的光热资源，以及小麦、棉花套作形成的边行优势，实现棉花与小麦的双高产。选用早熟性较好的小麦品种与棉花品种相配套，10月下旬播种小麦时预留棉行，4月下旬套种中早熟棉花品种，突出"双早"技术核心，小麦要早收、棉花要早熟，协调好小麦与棉花的茬口衔接、共生期，及时防治病虫草害，提高机械化程度。

该技术亩产籽棉 250～300 kg，亩产小麦 400～450 kg。

2. 技术要点

（1）种植模式

小麦播种 5 行为一幅，幅宽约 60 cm，每幅小麦间预留行宽度约 85 cm，播种 2 行棉花，称为式"5-2"。

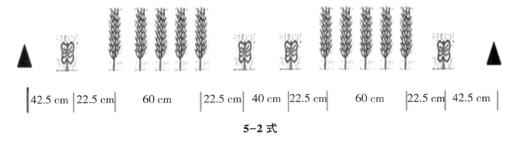

| 42.5 cm | 22.5 cm | 60 cm | 22.5 cm | 40 cm | 22.5 cm | 60 cm | 22.5 cm | 42.5 cm |

5-2 式

（2）品种选择

品种配套原则，棉花品种优先选择高产潜力大、抗逆性强、中后期长势强的中早熟杂交种，如冀杂 1 号、冀杂 2 号、冀 H170、冀 H239、邯杂 429、邯杂 301；也可选用中早熟常规品种，如冀 228、冀棉 169、冀 151、邯棉 103、邯棉 802 等。小麦品种选用具有高产、优质和播期弹性大（适应 10 月下旬至 11 月上旬晚播）、矮秆（株高不超过 75 cm）、株型紧凑（叶倾角小，旗叶和旗下二叶上举）、大穗、早熟（6 月上旬收获）等特点，如邯 6172、观 35、石麦 15、良星 99、良星 66 等。

（3）棉花栽培技术

①准备棉种。采用国标种子，杂交种亩用种量 1.5 kg 以上，常规品种亩用种量 2 kg 以上。

②适时播种。结合小麦浇水借墒 4 月下旬播种。播前清除预留行内杂草，地膜覆盖，膜宽 80～90 cm，一膜盖双行，播种后喷施土壤封闭除草剂。

③苗期管理。出苗后打孔放苗，并及时堵孔，第三片真叶平展后定苗，杂交棉留苗

3 500株/亩左右，常规棉留苗4 000株/亩左右，干旱年份一般浇2～3水。重点防治红蜘蛛和地老虎为害。麦收后中耕灭茬，提温促长。

④蕾期管理。围绕抗旱促稳长壮棵，麦收后及时浇水追施速效氮肥尿素7.5 kg/亩促苗长；重点防治红蜘蛛、盲蝽象、瓢虫、蓟马和棉蚜。盛蕾期旺长田用缩节安1～1.5 g对水20 kg均匀喷洒。

⑤花铃期管理。花铃期主攻早座铃多结铃，促早熟防早衰。重施花铃肥，初花期每亩尿素15 kg或"15-0-15"氮钾复合肥20 kg。适时打顶，一般要求7月15日前打完顶，留果枝10～12个。注重化控，亩用缩节胺2～3 g，若棉花生长旺盛，可再喷一次或人工去掉中上部群尖。

⑥吐絮期管理。增铃重，促早熟，防贪青晚熟。及时采摘黄（烂）铃；多雨年份注意防治造桥虫。贪青晚熟地块在10月10日左右喷施40%乙烯利催熟。

⑦清柴腾地。10月20日后清除棉柴。

（4）小麦栽培技术

①播种时间。10月25—30日。

②精细整地。棉花收获后，用秸秆还田机将棉柴粉碎还田，旋耕或深耕精细整地。壤土地在棉花收获前10 d左右造墒，黏土地播后浇蒙头水。

③施底肥。亩施氮磷钾（15-15-15）的复合肥50 kg做为小麦和棉花的底肥，也可采用缓释复合肥。

④播种。小麦播种5行为一幅，幅宽度约0.6 m，行距15 cm每幅小麦间留0.8 m的预留行，下年预留行播种2行棉花。

⑤播量。播种时在播种机一侧留5个播种孔，其余堵住，播种机播量设定为每亩35～40 kg，保证小麦每亩基本苗35万～40万株。

⑥冬前管理。及时查苗补苗，杂草秋治，适时浇灌冻水，保苗安全越冬。

⑦春季管理。中耕锄划促苗早发，水肥管理以促为主，及时防治病虫草害，灌浆期"一喷多防"，浇好灌浆水。

⑧注意防治红蜘蛛。棉花出苗后在防治小麦病虫害时要加入阿维菌素等防治红蜘蛛的药剂，减少红蜘蛛在小麦上寄存，降低对棉花的为害。

⑨机械收获。完熟初期及时收获，在联合收割机割台一侧加装挡板，防止损伤棉苗。

3. 注意事项

①棉花品种与小麦品种均需选用早熟类型。

②该技术适宜区域为河北省中南部灌溉条件较好的地区。

4. 技术咨询服务机构

河北省农林科学院棉花研究所

联系人：林永增　张寒霜

电话：0311-87652081

电子邮箱：zaipei@ sohu.com

麦后直播超早熟短季棉栽培技术

1. 技术概述

随着全球气温升高，河北省南部地区光热资源可以满足小麦、棉花一年两熟要求，加上早熟小麦品种与棉花超早熟品种的突破，麦后直播超早熟短季棉一年两熟技术可实现小麦亩产 400～500 kg、棉花亩产 200～250 kg 的目标。

主要技术为选择早熟小麦、棉花品种，并采用促早熟、高产配套栽培措施，按照麦收后 6 月 10 日前抢种夏棉，7 月 10 日左右现蕾，7 月 25 日左右开花，9 月中旬吐絮，10 月份拔棉柴后再播种小麦的种植模式。

该技术亩产小麦 400～500 kg，亩产籽棉 200～250 kg。

2. 技术要点

（1）夏棉田间管理技术

①品种选择。棉花品种采用生育期 100 d 左右的超早熟品种，小麦品种采用 6 月上旬可收获的早熟品种。

②播种。麦收后 6 月 10 日前是超早熟短季棉的最佳播期，播种越早越高产，要求小麦要适时早收，留茬高度为 15 cm 以下，并随收割将麦秸一齐粉碎。然后抢时播种夏棉；使用改装后的夏棉播种机一幅播四行，将播种施肥等程序一次完成；亩用种量 2～3 kg；要求行距在 40～50 cm，株距 15～20 cm，亩留苗 1 万株；播种深度 1 cm 左右，播种后浇蒙头水。

③苗期管理。在 1 叶 1 心时进行定苗，亩留苗密度 1 万株；棉苗大约 4～5 片真叶时进行中耕、灭茬、除草；化控根据棉苗长势与天气情况决定，一般 4～5 片真叶时，亩用缩节胺 0.2 g，2 周后喷施第二次缩节胺，亩用量 0.5 g，再过两周，第三次缩节胺化控，亩用量 1～3 g。注意查治棉红蜘蛛、棉蚜和盲蝽象，达到防治指标后，分别用阿维菌素 2 000 倍液、蚜虱清 1 000 倍液等进行防治。

④中期管理。7 月 20—25 日，棉株长到 10～12 个果枝、晚播棉 6～8 个果枝时，及时打顶，做到时到不等枝，枝到不等时，不要看棉株蕾少而推迟打顶，否则会使夏棉生育期推迟，不仅造成减产，还会影响小麦的播种。在 7 月下旬至 9 月初，注意三、四代棉铃虫，达到防治指标时，在卵孵化盛期用有机磷、菊酯类农药喷雾防治。在秋旱的年份，8 月中下旬要浇水。因该棉花在不缺水时，越靠上部，棉铃越大，缺水影响棉铃膨大，会造成减产；阴雨天气多时，如有炭疽病发生，可用 80% 炭疽福美 600 倍液或纯品多菌灵 1 000 倍液防治，减轻为害，提高产量。

⑤后期管理。9 月中下旬遇持续阴雨低温天气，可在 10 月 5 日前后用乙稀利催熟，

亩用 40%乙稀利 300～400 g，也可在 9 月下旬喷落叶剂，促棉铃早开裂、早吐絮。絮期及时采收，分 2～3 次摘完，争取早腾茬，早种小麦。

（2）小麦田间管理技术

①播种。采用 6 月上旬可收获的早熟小麦品种，棉花吐絮基本完成后，及时拔除棉柴，争取小麦早播；播种量每亩 35～40 kg，保证每亩基本苗 35 万～40 万株；播种深度 2～3 cm，并注意查苗补苗，若播深 3 cm 以上，胚芽鞘蘖不能出土，影响小麦产量，同时麦畦要刮平，畦埂不能太宽，为下茬棉花顺利机播创造条件。

②药剂拌种。用种子量 0.3%的多菌灵、三唑酮拌种，可有效地预防小麦根腐病、赤霉病、纹枯病等病害发生。用小麦拌种剂拌种，可防治蝼蛄等地下害虫为害。

③施肥。用小麦测土配方涂层缓释一次肥，能使小麦高产不早衰，提前 2 d 成熟，为夏棉播种争取主动。用量每亩 50～60 kg 一次底施，全生育期不再追肥。若是秸秆还田地块每亩应再加尿素 7.5 kg，促进上茬作物秸秆迅速沤熟，防止它与麦苗争氮。

④浇好冻水。在小雪前后，夜冻日消时进行冬灌，使麦苗安全越冬，同时可推迟浇返青水，避免降低地温，抑制春季无效蘖，促进根系下扎，防止小麦后期早衰，为高产争取主动。

⑤病虫害防治。小麦病毒病可进行药剂拌种，并在苗后和早春喷施辛硫磷、蚜虱清，可加入病毒 A、硫酸锌等，防治好麦田灰飞虱和麦蚜，切断毒源，减轻危害；小麦赤霉病在齐穗后扬花前和灌浆期，用多菌灵纯品 1 000 倍液或 50%多菌灵可湿性粉剂 500 倍液喷雾防治；在气温 8～11℃时，注意查治麦田红蜘蛛，当百株虫量超过 20 头，可用 1.8%阿维菌素 2 000 倍液喷雾防治；在 4—5 月，防治好小麦吸浆虫和麦蚜。

⑥浇好拔节水和麦黄水。在 4 月 20 日以后，要及时浇好小麦拔节水，到 5 月中下旬浇好麦黄水，为小麦丰产丰收奠定良好基础。

⑦收获灭茬。在小麦蜡熟期，小麦成熟时及时收获，防止养分倒流引起减产，确保小麦丰收，收时注意留茬，高度要低于 15 cm，麦秸要随时粉碎，以利夏棉播种。

3. 注意事项

①小麦要选用早熟品种，棉花采用生育期 105 d 之内的短季棉。
②该技术适宜区域为河北省南部光热资源充足地区。

4. 技术咨询服务机构

河北省农林科学院棉花研究所　河北省邯郸市成安县农业局
联系人：王树林　常蕊芹　电话：0311-87652081
电子邮箱：zaipei@sohu.com

粮棉轮作棉花高产简化栽培技术

1. 技术概述

粮棉轮作棉花高产栽培技术通过粮棉轮作制度的建立，有效改善土壤理化性状与养分条件，降低作物病虫为害，在此基础上选用增产潜力大的杂交棉品种，通过多种措施培肥地力，采用宽垄等行配置模式，辅以棉花生育期关键水、简化整枝等技术，实现棉花的简化栽培与高产目标。

该技术亩产籽棉 275～300 kg，节省用工 8～10 个，亩节本增效 500～600 元。

2. 技术要点

（1）播前准备

①土壤要求。地力肥沃，灌溉条件良好，土壤有机质含量丰富。

②选择品种。大棵型杂交种，生育期在 130 d 以上，后期长势强，例如冀杂 1、冀 3536 等。

③平衡施肥。施足有机肥，亩施有机肥 1～2 m³，45%氮磷钾专用肥 70 kg。

④灌溉造墒。播种前 10 d 左右将有机肥与化肥撒施于地表后旋耕，随后灌水造墒，亩灌水量不低于 80 m³。

（2）棉花播种

①播种时间。一般播种时间掌握在 4 月 20 日前后，以当时天气预报为准，要求播种后一周内无剧烈天气过程，以避免低温降雨对出苗的影响。

②株行距配置。可采用等行距配置，行距 1 m，株距 0.22 m，专用单行播种机精量播种；亩用种量 1 kg，精量播种。

（3）苗期管理

出苗后及时放苗，三叶期定苗，从 5 月中下旬开始要注意田间害虫防治，棉花苗期虫害以蚜虫和红蜘蛛为主，蚜虫防治采用吡虫啉、啶虫脒等药物，红蜘蛛采用阿维菌素防治。

（4）蕾期管理

①整枝。传统棉花栽培种要求去掉营养枝，一般在 6 月上旬进行；现代棉花简化栽培技术要求保留营养枝，不再进行去叶枝操作，但要注意与化控结合，如果棉花有旺长趋势，可亩喷施缩节安 1.5～2.0 g。

②浇关键水。河北省春旱与初夏旱频繁，此时正值棉花现蕾期，也是需水临界期，须在 6 月中下旬浇水一次，可以有效预防后期棉花早衰。

③揭膜。6 月上中旬浇水之前揭去地膜。

④虫害防治。棉花进入现蕾期后虫害增加，需要加强虫害防治。

蚜虫防治指标：卷叶株率8%～10%或单株上3叶有蚜虫200头，采用吡虫啉、啶虫脒等化学防治。

红蜘蛛防治指标：红叶率20%，超出指标采用阿维菌素类、克螨特、哒螨灵等农药防治。

棉铃虫与棉盲蝽防治：一是掌握好防治时间，要在虫卵孵化高峰期进行喷药；二是正确选用农药，棉铃虫防治可采用1%甲氨基阿维盐、40%丙溴磷乳油、辛硫磷，以及一些新型的氯虫苯甲酰胺和高效氯氟氰菊酯混合杀虫剂；三是注意统防统治，尤其是成方连片棉田要做到在同一时间喷药防治，减少害虫迁飞引起的防效降低现象；四是注意农药种类交替轮换使用，避免长期使用同一种农药引起害虫抗药性增强；五是避免一次用药种类过多，一般每次最多用2～3种农药，且不可一次混合多种农药引起药物分解而降低防效。

（5）花铃期管理

①打顶。棉花打顶时间一般在7月中旬前后，棉花有12～14个果枝的时候就可以打顶。营养枝打顶时间在7月上旬。

②化控。花铃期遇连阴雨棉花出现旺长趋势时，亩用缩节胺4.0～5.0 g化控。

③喷施叶面肥。后期喷施叶面肥是防止棉花早衰的较好选择，一般可选用0.5%的磷酸二氢钾和1%的尿素，每隔7～10 d喷施一次，也可喷富含多种微量元素叶面肥都有很好的作用。

④虫害防治。同蕾期虫害防治。

（6）吐絮期管理

①防止烂铃。8月下旬如遇连阴雨，容易引起大量烂铃，此时应推株并垄，去掉中下部老叶空果枝，保持田间通风透光，可有效减少烂铃。

②抢收烂铃。多阴雨天气出现烂铃后，在初发病或烂壳未烂絮时尽早摘除，晾晒。

③收摘吐絮花。9月后每隔7～10 d摘花一次，摘取完全张开的棉铃花絮，上午摘后晒2 d、下午摘后晒1 d。

④后期催熟。10月初喷施乙烯利催熟，10月中旬拔棉柴，整地准备播种小麦。

3. 注意事项

①施足有机肥，棉花需全程化控。
②该技术适宜区域为河北省中南部地区。

4. 技术咨询服务机构

河北省农林科学院棉花研究所
联系人：林永增　王树林
电话：0311-87652081
电子邮箱：zaipei@sohu.com

低酚棉与小麦套种棉麦两熟种植技术

1. 技术概述

棉麦套作种植技术将传统棉花一年一熟改为棉花、小麦一年两熟，充分利用冀南地区较充足的光热资源以及小麦、棉花套作时形成的边行优势，实现棉田增粮、棉粮双丰。该项技术的核心是促"双早"栽培，做到小麦早收、棉花早熟，从而达到保棉增粮、棉粮双丰之目的。

该技术模式与普通一年一熟棉花种植效益比较，每亩增收小麦 400～500 kg、减收籽棉 50～100 kg，按照每千克小麦价格 2.3 元、每千克籽棉价格 7.2 元计算，每亩地可增收 430～560 元。另外，种植低酚棉品种其棉副产品具有较高的利用价值，仅低酚棉籽粕做优质饲料一项每亩地可增收 90 元（每亩低酚棉田可产出 60 kg 棉籽粕，每千克增值 1.5 元）。

2. 技术要点

（1）种植模式

小麦—棉花等行距 8-2 式间作，幅宽 1.6 m，每幅种植 8 行小麦，2 行棉花，各占 0.8 m。小麦 10 月下旬播种，预留棉花行，5 月上旬初套种棉花。

（2）小麦种植技术要点

①选择配套优种。主要选择具有边行优势明显、增产潜力大、播期弹性大、矮秆、株型紧凑、大穗、早熟等特点的品种，如适宜冀中南大面积推广种植的抗倒、抗逆、节水、高产的邯 6172；高产、早熟、面粉白、品质好的邯麦 11、邯麦 14、众信 5199 等小麦新品种。

②足墒播种。播前洇地造墒（9 月中下旬），亩灌水量 35 m³ 左右，播种时土壤含水量不低于 18%，保证小麦足墒播种。

③施足底肥。选用适合项目区粮食生产所需要的专用肥和生物菌肥，实行玉米秸秆还田，增施有机肥培肥地力。

④精细整地。播前整地要深耕细耙，耕后及时细耙，粉碎土块，踏实土壤，保住底墒，达到上虚下实。

⑤适时播种。根据棉田腾地时间一般小麦播期为 10 月 20—31 日，适宜播种量 15 kg/亩左右。小麦播种 8 行为一幅，每幅小麦间留预留行，下年预留行播种 2 行棉花。

⑥播后镇压。播种时要选择带有镇压器的播种机，播后镇压技术是免浇冻水的前提。

⑦麦田管理。

前期管理：以促为主。促根增蘖育壮苗，确保幼苗安全越冬，同时搞好冬季中耕，杂草严重的地块要进行化学除草。

中期管理：促控结合。保证群体大而不过，叶片长而不披，底节缓慢伸长，苗脚干净利落。注意防治病虫害。如长势偏旺，要在2月下旬—3月上旬进行控制，以控制基部一、二节间生长过长，降低株高，防治倒伏。返青期控水控肥，促进小麦稳健生长。拔节期（3月25日—4月5日）浇水追肥，亩追尿素15 kg，以形成大穗，提高成穗率。

后期管理：以保为主。一是浇好灌浆水，保证以水养根，以根养叶，以叶保粒。浇水时要注意天气，一定要无风抢浇，有风停浇，防止因倒伏而造成减产。二是注意加强病虫害防治。在抽穗至灌浆期，搞好一喷三防，减少红蜘蛛在小麦上寄存，降低对棉花的为害。

⑧适时收获。在小麦腊熟期或完熟期及时收获，同时在联合收割机割台的棉花行部位加装挡板，防止损伤棉苗。

（3）棉花促早栽培技术要点

①选择配套低酚棉品种。主要选择抗病、早熟，中后期发育快、结铃集中、吐絮早且集中特点的优良品种，如邯无198、邯无216等低酚棉棉配套品种。

②抢时早播。结合小麦水肥应用，借墒4月25日至5月5日播种。一膜盖双行，播种后喷施土壤封闭除草剂。

③合理密植。麦套棉要充分发挥棉花的边行优势，充分挖掘群体增产潜力，在行距固定的情况下，适当缩小株距，增加种植密度，根据不同品种适宜密度3500～4500株/亩。可采用棉花简化整枝技术下部保留2～3个营养枝，中上部出现疯杈要及时打掉。

④加强田间管理。苗期及时打孔放苗、堵孔、定苗。蕾期及时中耕灭茬，提温促长。花铃期主攻早座铃、多结铃，促早熟、防早衰。一般要求7月25日前完成打顶。吐絮期要增铃重、促早熟，在不同年份，根据棉田长势10月1日前后可喷施乙烯利催熟（亩用量150 mL），防贪青晚熟。

⑤水肥管理。棉花开花前一般不需浇水，进入盛花期后如果遇到7～10 d无降雨就要对棉田及时进行浇水。追肥：一般在初花期亩追尿素20 kg，8月10日左右结合浇水或降雨后追施尿素5～10 kg/亩。追肥后根据棉花长势情况进行2～3次叶面喷肥，使用1.5%的尿素+0.3%的磷酸二氢钾，间隔时间7～10 d。补充营养防止早衰。

⑥科学化控。掌握"少量多次、轻控勤控、前轻后重"的原则，棉花打顶后也不能放松化控，特别是在多雨年份更应该加大使用量。确保棉株"壮而不旺、稳健生长"。一般蕾期亩用缩节胺0.5～1 g，初花期1～1.5 g，盛花期2～3 g，打顶后7～8 d，一般亩用缩节胺3～5 g，多雨年份可增加到5～7 g。

⑦植保综防。科学及时防治地老虎、棉盲椿象、棉蓟马、甜菜夜蛾、棉伏蚜、红蜘蛛、棉铃虫等棉田害虫。

⑧清柴腾地。及早收摘棉花，10月中下旬清除棉柴，准备小麦及时播种。

3. 注意事项

该技术适宜区域为冀南地区一年一熟春播棉区。

4. 技术咨询服务机构

邯郸市农业科学院

地址：邯郸市邯山区东环路与邯大路交叉口北 300 米路西

联系人：米换房　翟雷霞　李继军　李文蕾　权月伟　唐光雷

联系电话：0310-8162098　8162283

一种谷子植物抗倒伏种植方法

1. 技术概述

谷子在自然生长情况下，在生长的关键茎节间易发生倒伏，倒伏是造成谷子减产和绝产的最大因素，以往也有喷施植物生长调节剂降低谷子植株高度减少谷子倒伏的农艺措施，但是喷施植物生长调节剂的时期随机，造成了喷施效果不佳甚至无效果的现象。同时针对谷子植物种植的各个阶段，未合理配伍所施加的杀虫剂，从而达不到有效抗倒伏的同时减少药害发生。另外针对现有技术中的抗倒伏方法有采用间作方法，但是间作方法施种步骤更加繁复，所需人力、物力成本更高，且对于只种植谷子植物的土地不能适用该方法。基于现有技术中的不足，并在充分了解谷子植物的生长特性的基础上，建立了一种科学合理的谷子植物抗倒伏种植方法。

已知在自然生长情况下，以夏播区谷子 18 节为例，谷子植物从第 12 节茎节开始拉长，第 13～14 节茎节间长度最长，由于其茎秆壁较薄，机械组织减弱，位置较为靠近谷穗，节间变长后承压力被削弱，是最容易发生倒伏的节间，使得谷子产量受到极大的影响。如果想通过常规的育种途径来提高谷子的抗倒伏能力，则需要很长的时间。而通过在夏播谷子植物生长至第 8 叶片时，使用植物生长调节剂喷施叶片，使谷子植物第 12～13 节的茎节发生生理性矮化，茎秆壁厚增加，机械组织发达，呈现短粗状，而对其他茎节长度无影响，从而通过谷子株型的自然整形，从而达到提高夏播区谷子抗倒伏能力的目的。并且在种植各步骤合理配伍施加杀虫剂，有效降低的用药次数，减少药害发生。保证最终谷子植物株高降低 15～30 cm 的效果下，对谷子产量不产生任何影响，有利于降低成本，提高光合效率，降低用药次数，减少劳动强度，提高生产效率，为夏播区谷子产业化种植提供有利的技术指导。

对照组为常规种植的张杂谷 16 号。实验组与对照组相比，最终谷子植物株高降低 15～30 cm，且没有明显的倒伏情况，而对照组谷子植物倒伏面积占 47.3%，同时，收获时的每穴穗数、每穗粒数、单位产量分别比对照提高 33.3%、12.2% 和 40 kg/亩。

2. 技术要点

（1）整地

整地采用秋耕，使土壤结构得以改善，降低病虫害的发生，利于谷子根系的生长，使整个植株生长健壮，进而提高产量，采用旋耕的土地，耕地时施足底肥，所述底肥为 $N_2O_5 : P_2O_3 : K_2O = 18 : 18 : 18$ 的硫基复合肥，施加量为 30 kg/亩，同时施入防治地下害虫的杀虫剂：浓度为 40% 的辛硫磷颗粒，施加量为 2 kg/亩，整地时要求耕作层土壤达到细、碎、平、绒，上虚下实，无较大的残株残茬。

（2）种子的选择及处理

种子选择以适应当地气候、抗逆性好、优质高产为主，张杂谷 16 号，生育期 90 d 左右，省工，利于机收，出米率高，米味清香，品质上乘。由于杂交谷子种子的特殊性，张杂谷 16 号种子已经通过专用种子处理剂进行拌种，可直接用于播种。

（3）播种

谷子播种一般在 6 月中下旬，适时晚播可以减轻鸟害和病害的发生，播种量为 0.5 kg/亩，行距为 40 cm，株距 5～7 cm，播种深度一般在 2～3 cm，土壤墒情好，应适当浅播；土壤墒情差可适当深播，但最深不易超过 3 cm。采取深开沟浅覆土的方法，播后做好垄沟的镇压工作，种子发芽率代表不了出苗率，播种后覆土，覆土厚度 2～3 cm，然后镇压 2～3 次，以利于出苗，如遇极端天气，应该做好及时补苗的工作。一般采用机械播种，根据试验地的具体情况选择合适的播种机。

（4）田间管理

苗期管理：出苗后进行查苗、补苗，并喷施浓度为 12.5% 的间苗剂乳油，其喷施量为 100 mL/亩；进一步还需喷施浓度为 40% 的甲维盐和浓度为 4.5% 的氯氰菊酯乳油，所述甲维盐和氯氰菊酯乳油的喷施量均为 30 mL/亩；以达到除草间苗，预防虫害的目的；注意留苗密度，所述苗期管理期间保持谷子苗密度为 2.5 万～3.5 万株/亩，间苗剂施用后，如果植株密度仍大，应该人工拔除。

拔节期管理：采用中耕除草，当夏播谷子植物生长至第 8 叶片时，使用植物生长调节剂喷施叶片，所述植物生长调节剂的喷施量为 60 mL/亩，使谷子植物第 12～13 节的茎节发生生理性矮化；同时喷施浓度为 40.7% 的毒死蜱乳油和 20% 的氯虫苯甲酰胺悬浮剂，所述毒死蜱乳油和氯虫苯甲酰胺悬浮剂的喷施量均为 30～50 mL/亩，达到预防病虫害的目的，也可向土壤追加尿素，所述尿素施加量为 15～20 kg/亩，顺垄撒施。

抽穗期管理：抽穗期如遇到干旱天气，要及时浇水，防治"卡脖旱"现象的发生；喷施浓度为 40.7% 的毒死蜱乳油、浓度为 40% 的甲维盐和浓度为 25% 的戊唑醇可湿性粉剂，所述毒死蜱乳油的喷施量为 30～50 mL/亩，所述甲维盐的喷施量为 30 mL/亩，所述戊唑醇可湿性粉剂的喷施量为 30～40 kg/亩，达到防治病虫害的目的。

收获期管理：以谷子穗基部的谷码籽粒灌浆结束为收获标准，当颖壳变黄，籽粒变硬时，应及时收获，避免风磨鸟啄造成产量损失；谷子田间收获后，应避雨全株晾晒 35 d，促进茎秆养分进一步向籽粒输送，然后切穗脱粒。脱粒后迅速摊晒，降低水分，防止霉变，待籽粒水分降到 11% 以下时，长期保存。

3. 注意事项

①注意喷施的时期和药剂用量。
②该技术适宜区域为邢台地区。

4. 技术咨询服务机构

河北巡天农业科技有限公司；河北治海农业科技有限公司
联系人：王千　15511997666　张丽娜　15369317536

夏播区张杂谷 16 号抗旱抗病简化种植技术

1. 技术概述

以不育系 A2 为母本，复 1×5 号父为父本，通过杂交选育，得到品种张杂谷 16 号。其中母本不育系 A2，是利用张家口市农科院的谷子光温敏不育源"821"与 1066A 杂交选育而成，其育性由光温条件控制，转换稳定。特征：夏播生育期 90 d，幼苗为黄色，拔节后苗色变为浅绿色。茎高为 75.5 cm，植株较矮，便于制种田授粉。穗长为 20 cm，纺锤穗型，千粒重 2.8 g。该品种 2014 年 3 月取得植物新品种权授权，品种权号 CNA2080686.6，公告号 CNA004395G。父本复 1×5 号父，是 2005 年选用适应性广的高抗谷瘟病材料"复 1"与张家口市农业科学院杂交谷子研究所选育成功的抗除草剂恢复系"夏谷 5 号父"进行杂交，得到"复 1×5 号父"F0 代。2007 年在其 F3 大群体中选育出优质、抗旱、适应性广、抗谷瘟病、抗拿捕净的"复 1×5 号父"品系。2008—2009 年连续自交 3 代，得到农艺性状稳定的恢复系"复 1×5 号父"。特征：夏播生育期 88 d，幼苗绿色，株高 140～150 cm，纺锤穗形，穗长 20～25 cm，穗粒重 18～25 g，千粒重 2.9 g，黄谷黄米，抗拿捕净除草剂。

2010 年，恢复系"复 1×5 号父"与光温敏不育系 A2 进行组合测配，得到抗除草剂杂交组合"A2×复 1×5 号父"。2011 年在邢台进行品种布点试验。2012—2013 年参加国家谷子品种夏谷区杂交种组区域试验，2015 年通过全国鉴定。

该品种为粮用杂交品种，主要农艺性状为春播生育期 127 d，夏播生育期 89 d，抗谷瘟病、锈病及白发病。幼苗绿色，叶鞘绿色，株高 132.0 cm，穗长 23.1 cm，棍棒穗型，松紧适中。单穗重 17.5 g，穗粒重 14.6 g，出谷率 83.4%，出米率 77.4%，千粒重 2.74 g，黄谷黄米。单株分蘖 2～4 个，可使用拿捕净除草剂。

对照品种为冀谷 25，在第一生长周期，对照产量为 321.7 kg/亩，张杂谷 16 号产量为 334.7 kg/亩，较对照增产 4.04%；第二生长周期中，对照产量为 287.8 kg/亩，张杂谷 16 号产量为 312.8 kg/亩，较对照增产 8.69%。

该品种的主要优点是高产抗逆，适应种植区域广，抗除草剂，稀植，省工，有利于规模化高效种植。

2. 技术要点

夏播区播期为 6 月 15—25 日，亩播量 0.7～1 kg，亩施氮磷钾复合肥 25 kg 和有机肥 2 000～3 000 kg 作为底肥。及时做好田间管理工作。

（1）除草

在幼苗 3～4 叶期亩喷施厂家提供的 12.5%拿捕净除草剂 100 mL，防治一年生禾本科杂草及去除黄色自交苗。

（2）病虫害防治

生育期间喷施杀虫剂防治粟灰螟、粟负泥虫、黏虫等虫害；注意防治谷子白发病、谷子腥黑穗病、谷子粒黑穗病、谷子轴黑穗病、谷瘟病、谷锈病、线虫病及纹枯病。

（3）留苗密度

条播 2.0 万～2.5 万株/亩。建议使用播种机穴播，每穴下种 15 粒以上，每穴 2～5株，每亩 8 000～10 000 穴。

（4）追肥

拔节期追施尿素 10 kg，抽穗前追施尿素 20 kg。

3. 注意事项

播种时需根据当时土壤墒情、气候特点、厂家建议确定播种量。

①拿捕净除草剂在 7 叶期之前使用。

②本品种为 F1 代杂交种，不可自留种。

③谷子白发病、线虫病及谷子粒黑穗病需通过杀菌剂拌种处理防治；谷瘟病、谷子锈病、谷子纹枯病需通过喷施药剂防治。

④过量使用 2,4-D 除草剂和使用 2,4-D 除草剂后遇低温会导致谷子不扎根药害。

⑤上年使用烟嘧磺隆过量会对当年种植谷子苗期产生药害。

⑥品种因种植区域、种植密度、土壤肥力、管理水平等不同因素影响，其产量水平、株高、穗长等也有不同。

⑦灌浆期对肥水要求较高。

⑧该技术适宜区域为适宜山东省、河北省中南部、山西中南部、北京、河南等≥10℃积温 3 000℃以上的地区夏播；适宜河北东部、辽宁、内蒙古自治区（以下称内蒙古）、甘肃、宁夏回族自治区（以下称宁夏）、新疆维吾尔自治区（以下称新疆）、吉林等≥10℃积温 3 100℃以上的地区春播。

4. 技术咨询服务机构

河北巡天农业科技有限公司　河北治海农业科技有限公司　张家口市农业科学院
联系人：王千　15511997666　张丽娜　15369317536

夏播区张杂谷 18 号抗旱抗病优质简化种植技术

1. 技术概述

以不育系 A2 为母本，复 28×5 号父为父本，通过杂交选育，得到品种张杂谷 18 号。其中母本不育系 A2，是利用张家口市农业科学院的谷子光温敏不育源"821"与 1066A 杂交选育而成，其育性由光温条件控制，转换稳定。特征：夏播生育期 90 d，幼苗为黄色，拔节后苗色变为浅绿色。茎高为 75.5 cm，植株较矮，便于制种田授粉。穗长为 20 cm，纺锤穗型，千粒重 2.8 g。该品种 2014 年 3 月取得植物新品种权授权，品种权号 CNA2080686.6，公告号 CNA004395G。父本复 28×5 号父，是 2006 年选用适应性广的高抗谷瘟病材料"复 28"与张家口市农业科学院杂交谷子研究所选育成功的抗除草剂恢复系"夏谷 5 号父"进行杂交，得到"复 28×5 号父"F0 代。2007 年在其 F3 大群体中选育出优质、适应性广、抗谷瘟病、抗拿捕净的"复 28×5 号父"品系。2008—2009 年从"复 28×5 号父"品系中筛选配合力高的材料连续自交 3 代，得到农艺性状稳定的恢复系"复 28×5 号父"。特征：夏播生育期 90 d，幼苗绿色，株高 145～155 cm，纺锤穗形，穗长 22～26 cm，穗粒重 19～28 g，千粒重 3.0 g，黄谷黄米，抗拿捕净除草剂。

2009 年冬，恢复系"复 28×5 号父"与光温敏不育系 A2 进行组合测配，得到抗除草剂杂交组合 A2×（复 28×5 号父）。2010—2011 年进行优势观察试验；2013—2014 年参加国家华北夏谷区杂交种组区域试验，2015 年参加国家华北夏谷区杂交种组生产试验。2016 年通过全国鉴定。

该品种为粮用杂交品种，主要农艺性状为夏播生育期 88 d，抗白发病。幼苗绿色，叶鞘绿色，株高 126.2 cm，穗长 23.6 cm，棍棒穗型，松紧适中。单穗重 18.4 g，穗粒重 14.6 g，出谷率 79.4%，出米率 77.4%，千粒重 2.89 g，黄谷黄米。单株分蘖 2～4 个，抗拿捕净除草剂。

对照品种为冀谷 25，在第一生长周期，对照产量为 288 kg/亩，张杂谷 18 号产量为 315.5 kg/亩，较对照增产 9.55%；第二生长周期中，对照产量为 390.5 kg/亩，张杂谷 18 号产量为 408.5 kg/亩，较对照增产 4.61%。

该品种的主要优点是高产抗逆，米质优良，适应种植区域广，抗除草剂，稀植，省工，有利于规模化高效种植。

2. 技术要点

夏播区播期为 6 月 15—25 日，亩播量 0.7～1 kg，亩施氮磷钾复合肥 25 kg 和有机肥 2 000～3 000 kg 作为底肥。及时做好田间管理工作。

（1）除草

在幼苗 3～4 叶期亩喷施厂家提供的 12.5%拿捕净除草剂 100 mL，防治一年生禾本科杂草及去除黄色自交苗。

（2）病虫害防治

生育期间喷施杀虫剂防治粟灰螟、粟负泥虫、黏虫等虫害；注意防治谷子白发病、谷子腥黑穗病、谷子粒黑穗病、谷子轴黑穗病、谷瘟病、谷锈病、线虫病及纹枯病。

（3）留苗密度

条播 2 万～3 万株/亩。建议使用播种机穴播，每穴下种 15 粒以上，每穴 2～5 株，每亩 8 000～10 000 穴。

（4）追肥

拔节期追施尿素 10 kg，抽穗前追施尿素 20 kg。

3. 注意事项

①播种时需根据当时土壤墒情、气候特点、厂家建议确定播种量。

②拿捕净除草剂在 7 叶期之前使用。

③本品种为 F1 代杂交种，不可自留种。

④谷子白发病、线虫病及谷子粒黑穗病需通过杀菌剂拌种处理防治；谷瘟病、谷子锈病、谷子纹枯病需通过喷施药剂防治。

⑤过量使用 2,4-D 除草剂和使用 2,4-D 除草剂后遇低温会导致谷子不扎根药害。

⑥年使用烟嘧磺隆过量会对当年种植谷子苗期产生药害。

⑦品种因种植区域、种植密度、土壤肥力、管理水平等不同因素影响，其产量水平、株高、穗长等也有不同。

⑧灌浆期对肥水要求较高。

⑨该技术适宜区域为适宜河南省、山东省、河北省中南部≥10℃积温 3 000℃以上的地区夏播，吉林、辽宁、内蒙古自治区等地区春播。

4. 技术咨询服务机构

河北巡天农业科技有限公司　河北治海农业科技有限公司　张家口市农业科学院

联系人：王千　15511997666　张丽娜　15369317536

抗虫低酚棉新品种邯无 216 栽培种植技术

1. 技术概述

邯无 216 是转基因抗虫低酚棉新品种，2014 年最新通过河北省审定。

主要性状：出苗好，长势旺盛，整齐一致。植株中等高，茎秆多茸毛，果枝略平展，株型较紧凑，通透性好。产量水平：2011—2012 年区域试验，籽棉总产 231.2 kg/亩，比对照邯无 198 平均增产 12.37%；皮棉总产 87.2 kg/亩，比对照平均增产 13.25%；霜前皮棉产量 74.2 kg/亩，比对照平均增产 13.80%。抗病性属于抗枯萎耐黄萎类型。

纤维品质：2011—2012 年，农业部棉花品质监督检测中心检测结果：上半部平均长度 30.2 mm，断裂比强度 30.2 cN/tex，马克隆值 4.4。

品种特色及优势：低酚棉俗称"无毒棉"，它与普通棉花的区别是植株和种子中游离棉酚含量较低。棉酚是一种对人畜有毒害的酚类化合物，在普通棉花体内含量 1% 左右，研究表明其含量下降到 0.04% 以下时毒性消失，即"低酚棉"。种植低酚棉优势在于除了正常收获棉花纤维外，棉籽、茎秆、枝叶中大量蛋白质资源可以得到充分利用增加效益，如棉籽粕、茎秆作饲料；棉籽仁直接食用或制作酱油；棉籽壳培养高档食用菌；等等。因此低酚棉是一种集棉、粮、油、饲料多用途于一体的高效经济作物。

2. 技术要点

（1）播种期

冀中南最佳播种期 4 月 18—25 日，平播、地膜覆盖种植均可。

（2）种植结构

提倡加大行距、缩小株距。一般棉田行距 80 cm，株距 25～30 cm，密度 3 000～3 500 株/亩；高水肥棉田行距可加大到 80～100 cm，密度 2 500～3 000 株/亩。

（3）施肥

以基肥为主，追肥为辅。基肥应以有机肥为主，化肥为辅。该品种喜水肥，初花期追肥，亩追尿素 10～20 kg。8 月 10 日后酌情补追盖顶肥，亩追尿素 5～8 kg 或叶面喷肥 2～3 次。

（4）打顶

早打顶、打小顶，时间：7 月 10—20 日，平均留 12～14 个果枝。

（5）化学调控

可以使用缩节胺进行全程化控，掌握少量多次的原则。

（6）科学及时防治棉田害虫

重点是棉盲椿象、棉蚜、红蜘蛛、叶蝉等。

3. 注意事项

①隔离保纯：为了确保该品种低酚性状的纯合度，田间种植时应与普通棉花品种进行隔离，隔离区域 500 m 以上。

②定期提纯复壮：一般生产用种 2～3 年更换一次，保持田间低酚棉植株比例在 98% 以上。

③该技术适宜区域为河北省中南部春播棉区域以及黄河流域棉区相应区域。

4. 技术咨询服务机构

邯郸市农业科学院
联系人：米换房　电话：0310-8162283

第二部分
节水灌溉与土壤保育施肥技术

环渤海低平原区冬小麦滴灌施肥灌溉水肥一体化技术

1. 技术概述

总施肥量建议为当地地面灌溉高产施肥量的 70%，底肥推荐采用长效控失肥（60%N、100%P），滴灌水肥一体化进行适时适量灌溉施肥（40%N）。

该技术比当地地面灌溉高产田冬小麦增产 5%以上，水分利用效率达到 1.9 kg/m³，节肥 30%，N 和 P 的偏肥料生产力提高 50%左右。

2. 技术要点

(1) 前期准备

玉米收获时或收获后，在田间将秸秆粉碎 2 遍，铺匀。

(2) 底肥

整地前施底肥。总施肥量为当地高产推荐施肥量或者测土配方施肥量的 70%～80%（考虑到进一步增产），其中 60%N、100%P 作为底肥施入。建议采用长效控失肥料作为底肥，以减少养分淋失。

(3) 整地

深耕 20 cm 以上，或旋耕 2 遍，旋耕深度 15 cm 左右。耕后耙糖整地，做到上虚下实，土地细平。建议每隔 3 年深松一次，深度 50 cm 左右。

(4) 播种

一般 10 月 2—15 日为适宜播种期，最迟不晚于 10 月 15 日。采用窄行等行距播种技术，行距 15 cm 左右，播种要均匀；10 月 2—10 日播种的播种量为每亩 10～13 kg，10 月 10 日以后播种的，每推迟 1 d 增加播量 0.5 kg/亩。播种深度 3～5 cm。

(5) 滴灌系统布置

滴灌带铺设间距为 60 cm，即 1 条滴灌带灌溉 4 行冬小麦；采用薄壁滴灌带，滴头间距为 20 cm；支管、分干管、主管和首部枢纽，按水力学设计要求布置。

(6) 灌溉制度

播种后，根据土壤墒情进行灌溉，灌水定额大约为 32 mm；如果土壤墒情特别好，可不灌水。

一般不灌冻水；如果播种没有灌溉、土壤缺墒，或者麦苗达不到冬前壮苗标准，需要灌冻水；灌水定额为 24～32 mm。

返青开始灌溉，返青水灌水定额大约为 32 mm。

之后根据埋设在滴头正下方 50 cm 深度负压计进行灌溉，当土壤水基质势降到 -40 kPa 时开始灌水，每次灌水量为 8 mm 左右；灌溉后及时观察负压计，如果土壤水基质势升高到-10 kPa以上，则完成这次的灌溉；如果土壤水基质势未升高到-10 kPa，则再灌溉一次（8 mm），重复上述步骤，一直到土壤水基质势升高到-10 kPa以上，则停止灌溉。

（7）施肥灌溉制度

剩余的40%N和K养分，采用滴灌施肥灌溉施入；选用水溶性好的固体肥料，如尿素、硝酸钾等补充N、K养分。

如麦苗达不到冬前壮苗标准，灌冻水时当灌溉量达一半时，每亩地加入尿素5 kg进行追肥。

返青开始施肥灌溉，返青水当灌溉量达一半时，加入肥料开始施肥灌溉。

每次灌溉前加入的肥料量=（追肥量÷整个生育期设计施肥灌溉天数）×间隔灌溉天数；一般冬小麦施肥灌溉天数设计为70 d。收获前20 d左右停止施肥灌溉。

如果连续10 d以上未灌溉，为避免冬小麦关键生育期缺肥，应及时进行施肥灌溉。

（8）土壤养分检测与修正

定期取土样，测定土壤饱和泥浆提取液中速效养分浓度，根据土壤养分状况对上述每次灌水的随水施肥量进行定期修正。

（9）田间管理

其他管理措施同常规。

3. 注意事项

①要求大田负压计的埋设点具有代表性。一般1个灌溉单元安装3支负压计，当3支负压计中的任意2支指示土壤水基质势降低到灌溉阈值时进行施肥灌溉。

②调节施肥罐流量计，保证施肥灌溉结束后，再灌溉10 min左右清水。

③该技术适宜区域为环渤海低平原区。

4. 技术咨询服务机构

中国科学院地理科学与资源研究所

联系人：万书勤　电话：010-64889586

环渤海低平原区冬小麦微喷带施肥灌溉水肥一体化技术

1. 技术概述

总施肥量建议为当地地面灌溉高产施肥量的70%～90%，底肥推荐采用长效控失肥（60%N、100%P），微喷带水肥一体化进行适时适量灌溉施肥（40%N）。

当施肥量为地面灌溉高产施肥量70%时，该技术与当地地面灌溉高产田冬小麦产量水平相当；当施肥量为地面灌溉高产施肥量90%时，比当地地面灌溉高产田冬小麦增产5%以上；节肥10%～30%，N和P的偏肥料生产力提高20%～30%，水分利用效率达到1.8 kg/m³。

2. 技术要点

（1）前期准备

玉米收获时或收获后，在田间将秸秆粉碎2遍，铺匀。

（2）底肥

整地前施底肥。总施肥量为当地高产推荐施肥量或者测土配方施肥量的70%～90%（考虑到增产），其中60%N、100%P作为底肥施入。建议采用长效控失肥料作为底肥，以减少养分流失。

（3）整地

深耕20 cm以上，或旋耕2遍，旋耕深度15 cm左右。耕后耙糖整地，做到上虚下实，土地细平。建议每隔3年深松一次，深度50 cm左右。

（4）播种

一般10月2—15日为适宜播种期，最迟不晚于10月15日。采用窄行等行距播种技术，行距15 cm左右，播种要均匀；10月2—10日播种的播种量为每亩10～13 kg，10月10日以后播种的，每推迟1 d增加播量0.5 kg/亩。播种深度3～5 cm。

（5）微喷带系统布置

选择双翼的微喷带（N65），带宽65 mm，每组14孔，喷孔均匀排列，每两孔间距0.08 m每组1.14 m长。微喷带铺设间距为4.8 m，即1条微喷带灌溉32行小麦，工作压力控制在0.06 MPa（0.06～0.08 MPa）。支管、分干管、主管和首部枢纽，按水力学设置要求布置。

（6）灌溉制度

播种后，根据土壤墒情进行灌溉，灌水量为将0～60 cm土层灌到田间持水量；灌水定额大约为40～60 mm；如果土壤墒情特别好，可不灌水。

一般不灌冻水；如果播种没有灌溉、土壤缺墒，或者麦苗达不到冬前壮苗标准，需要灌冻水；灌水量为将 0～60 cm 土层灌到田间持水量，灌水定额大约 40～60 mm。

返青开始灌溉，返青水灌水量为将 0～60 cm 土层灌到田间持水量，灌水定额大约 40～60 mm。

之后根据埋设在两条微喷带之间、距离其中一条微喷带 1.2 m 处 50 cm 深度的负压计进行灌溉，当土壤水基质势降到 -40 kPa 时开始灌水，每次灌水量为 15 mm 左右；灌溉后及时观察负压计，如果土壤水基质势升高到 -10 kPa 以上，则完成这次的灌溉；如果土壤水基质势未升高到 -10 kPa，则再灌溉一次（15 mm），重复上述步骤，一直到土壤水基质势升高到 -10 kPa 以上，则停止灌溉。

（7）施肥灌溉制度

剩余的 40%N、K 养分，采用微喷带施肥灌溉施入；选用水溶性好的固体肥料，如尿素、硝酸钾等补充 N、K 养分。

如麦苗达不到冬前壮苗标准，灌冻水时当灌溉量达一半时，每亩地加入尿素 5 kg 进行追肥。

返青开始施肥灌溉，返青水当灌溉量达一半时，加入肥料开始施肥灌溉。

每次灌溉前加入的肥料量 = （追肥量÷整个生育期设计施肥灌溉天数）×间隔灌溉天数；一般冬小麦施肥灌溉天数设计为 70 d。收获前 20 d 左右停止施肥灌溉。

如果连续 10 d 以上未灌溉，为避免冬小麦关键生育期缺肥，应及时进行施肥灌溉。

（8）土壤养分检测与修正

定期取土样，测定土壤饱和泥浆提取液中速效养分浓度，根据土壤养分状况对上述每次灌水的随水施肥量进行定期修正。

（9）田间管理

其他管理措施同常规。

3. 注意事项

①要求大田负压计的埋设点具有代表性。一般 1 个灌溉单元安装 3 支负压计，当 3 支负压计中的任意 2 支指示土壤水基质势降低到灌溉阈值时进行施肥灌溉。

②调节施肥罐流量计，调整施肥速度，保证施肥灌溉结束后，喷 10 min 左右清水。

③该技术适宜区域为环渤海低平原区。

4. 技术咨询服务机构

中国科学院地理科学与资源研究所

联系人：万书勤　电话：010-64889586

"小麦玉米水肥一体化" 新型实用技术

1. 技术概述

水肥一体化技术是指借助压力管道工程系统，将可溶性固体或液体肥料配对成肥液，通过可控管道系统在灌溉的同时均匀、准确地将肥液输送到作物根部土壤进行施肥，实现对水分和养分的综合调控和一体化管理，提高水肥利用效率。水肥一体化工程形式主要有微喷灌、卷盘式喷（淋）灌、摇臂喷头式喷灌、自动伸缩式喷灌、平移式喷灌等。

水肥一体化技术可节水 40%～50%，节肥 20%，省工 20%，节地 8%，小麦玉米全年亩增产 150～200 kg，年均投入 80～100 元，全年亩节本增效约 300 元。

2. 技术要点

（1）小麦微灌水肥一体化管理技术方案

①播种技术。选用节水高产抗逆小麦新品种。底施纯氮 5～6 kg/亩，五氧化二磷 6～7 kg/亩，氧化钾 1.5～2 kg/亩。适当推迟小麦播期 3～5 d，播量上调 10%，播后镇压。

②冬前管理。底墒不足时播后 5～7 d 浇水，灌水量 10 m³/亩。冀中北地区需浇越冬水。冀中南地区一般年份冬前不浇水，当遇秋旱越冬前 0～40 cm 土壤含水量低于 65% 时浇冻水。冻水水量 15～25 m³/亩。

③春季管理。一般年份起身-拔节期灌水追肥，浇水量 20～30 m³/亩，追纯氮 3.5～4 kg/亩，缺钾地块追施氧化钾 1.5～2 kg/亩；抽穗-开花期灌春 2 水，水量 20～30 m³/亩，追施纯氮 1.5～2 kg/亩。开花后 15～20 d 浇灌浆水，水量 15 m³/亩。干旱年份孕穗期增加一次灌水，浇水量 20 m³/亩。丰水年灌浆期不灌水。全生育期灌水总量一般年份 75 m³/亩、干旱年 105 m³/亩、丰水年 50 m³/亩。

（2）玉米微灌水肥一体化管理技术方案

①播种技术。选用高产抗逆玉米品种，依据品种特性增加密度 500～1 000 株/亩。随播种施种肥纯氮 3.5～4.0 kg/亩、五氧化二磷 1.5～2 kg/亩、氧化钾 2.5～3.0 kg/亩。播后 24 小时内抢浇出苗水，灌水量 20～25 m³/亩。

②苗期管理。一般年份不灌水，特殊干旱年灌水 20 m³/亩。

③穗期管理。大喇叭口期灌水追肥，灌水量 7～15 m³/亩，追施氮素 7～8 kg/亩，氧化钾 2.5～3.0 kg/亩。

④花粒期管理。吐丝后 10 d 左右灌水追肥，灌水量 7～15 m³/亩，追施氮素 1.5～2.0 kg/亩。全生育期平水年灌水总量 55 m³/亩，干旱年 80 m³/亩、丰水年 35 m³/亩。

⑤适期晚收。冀中南地区 10 月 3 日后收获。冀中北地区 9 月 28 日后收获。

3. 注意事项

①使用时系统压力不得超过 0.3MPa。

②盐碱地及微咸水不宜采用。

③沙漏地应增加灌水次数。

④水质较差时，首部应加装过滤器，以防止喷灌带内进入沙、土等杂物。

⑤本技术中灌水量适用于微喷灌、卷盘式桁架式喷（淋）灌、平移式喷灌。当应用摇臂喷头式喷灌、自动伸缩式喷灌、卷盘单喷头喷灌时应增加灌水定额 10%～15%。

⑥该技术适宜区域为河北省山前平原及低平原土壤肥力较高的地区，种植模式为冬小麦—夏玉米种植制度。

4. 技术咨询服务机构

河北省农林科学院粮油作物研究所

联系人：贾秀领　电话：0311-87670620　13582002160

电子邮箱：jiaxiuling2013@163.com

冬小麦夏玉米微咸水补灌吨粮新型实用技术

1. 技术概述

冬小麦夏玉米一年两熟种植模式中，依据冬小麦耐盐与需水规律，在冬小麦拔节期利用含盐量小于 5 g/L 微咸水进行补充灌溉，可显著提高旱作和限水灌溉冬小麦产量。夏玉米播种后用不大于 50 m³/亩的淡水灌溉，为夏玉米种子萌发创造淡水环境。

在冬小麦拔节期，增加 1 次不大于 5 g/L 的微咸水灌溉，正常年份可增产 8% 以上，亩增产 50 kg 以上，实现经济效益 100 元/亩；在冬小麦返青到灌浆期间，利用 1 次不大于 3 g/L 的微咸水替代 1 次淡水灌溉，实现以咸补淡，在不影响作物产量条件下，可每亩节约深层淡水 50 m³。

2. 技术要点

（1）冬小麦技术方案

①品种选择。耐盐、早熟、优质的小偃 60 品种，邯 6172、衡 4399 等小麦品种。

②精细整地、施足底肥、足墒播种。上茬玉米收获后，及时进行秸秆还田，底肥增施有机肥，按土壤养分状况，配方施肥。0～50 cm 土层含水量小于田间持水量的 75% 时，需进行造墒，造墒宜用淡水。如果没有淡水，可选用含盐量小于 2.5 g/L 的微咸水。

③适期播种，精量匀播。一般播期在 10 月 5—15 日，采用等行距播种，行距 15 cm，10 月 5 日的亩播种量 15 kg，每推迟 1 d 增加播量 0.5 kg/亩，播后镇压。

④冬前管理。对于足墒播种的小麦，一般不浇冻水，抢墒播种，根据播种后到越冬前的降水条件，如果越冬时 0～50 cm 土壤含水量大于田间持水量的 60%～65%，可不进行冬灌；如果越冬时 0～50 cm 土壤含水量小于田间持水量的 60%～65%，在日平均气温稳定下降到 3℃ 左右时，进行冬灌，冬灌适宜用淡水。如果没有淡水，可选用含盐量小于 2.5 g/L 的微咸水。在地表水充足的条件下，一般都进行冬灌，冬季将地表水储存在土壤中，可以推迟春季第一次灌溉时间。

⑤春季灌溉。小麦春季第一水在拔节期，此次灌溉使用微咸水灌溉，结合追肥进行灌溉，所用微咸水含盐量以小于 5 g/L 为宜。以后根据降水情况，在特别湿润年份至小麦收获可不浇水，一般降水年份需要在抽穗扬花期浇春季第二水，特别干旱年份在扬花后 10～15 d 补浇第三水。微咸水灌溉的灌水量比淡水可稍微高一些，以不小于 50 m³/亩为宜。第二次灌溉可用淡水。无淡水灌溉条件时，春季拔节期浇一次微咸水。

（2）玉米技术方案

①品种选择。选用生育期和灌浆较长、抗倒性和光合能力强、适合机械化收获的先玉 335、华农 866 等玉米品种。

②尽早播种、提高播种质量、播后及时灌水、增施种肥，确保苗全苗壮，紧凑耐密品种 4 500～5 200 株/亩。播种后灌水用淡水，灌水量大于 50 m³/亩，减少冬小麦微咸水灌溉积盐对夏玉米出苗和苗期危害。

③保证关键时期水分供应。大喇叭口期和吐丝期的水分供应。

④加强田间管理，并做好防病除虫除草。雨季及时排水。适时收获，尽晚收获，延长玉米生育期。推行玉米机械化收获技术。

3. 注意事项

①冬小麦选用早熟、耐盐、高产品种，夏玉米选用生育期长的高产品种。

②该技术适宜区域为河北低平原有浅层微咸水的冬小麦种植区，土壤类型为壤土、砂壤土和轻壤土类型，地势平坦，灌溉方式以畦灌为主。

4. 技术咨询服务机构

中国科学院遗传与发育生物学研究所农业资源研究中心

电话：0311-85871757

旱作冬小麦春季追施水溶肥技术

1. 技术概述

旱地小麦春季返青后很快进行花穗分化，需要大量营养，但是旱地小麦由于无灌溉条件，春季降雨少等因素限制，无法追肥，导致花穗分化不良，后期脱肥等问题，从而严重影响产量，旱地冬小麦春季追施水溶肥技术解决了旱地小麦春季追肥的技术难题，每亩利用 $1\sim2\ m^3$ 水，将 10 kg 的 NPK 复合性水溶肥溶解后，在小麦返青起身期沟施在根侧。该技术配套研发了水溶肥追施机，实现了农机农艺配套。全部控制系统均由驾驶员一人操控，操作简便，省时省力，每亩用时 $5\sim6\ min$。并研发了小麦专用大量元素水溶肥料（N∶P∶K＝25∶15∶10），促进了技术大面积推广应用，示范应用前景广阔。

该技术每亩用 $1\sim2\ m^3$ 水，解决旱地小麦春季追肥的技术难题；通过追施 NPK 复合性水溶肥，同时通过地表覆盖，其肥料利用率较传统撒施追肥提高 1 倍以上；肥料蓄积于根系附近，起到肥料库的作用，可满足小麦生育后期对 P、K 需求；增产效果显著，一般增产 15% 以上。近几年已在黄骅、泊头、沧县、东光示范区大面积推广应用。

2. 技术要点

（1）追肥时期

小麦返青起身期前后（3 月中下旬）进行追肥。

（2）肥料品种选择

选择 NPK 复合速效性水溶肥或尿素，其溶解性好，稳定强。

（3）追肥数量

每亩将 10 kgNPK 复合速效性水溶肥溶解于 $1\sim2\ m^3$ 水中，充分溶解后进行春季追肥。

（4）追肥方法

将溶解后的肥溶液，利用水溶肥追施机，沟施于两行麦垄之间，隔行施肥。施入深度 $3\sim5\ cm$，小麦根系附近。施肥后及时覆土镇压。

3. 注意事项

①注意肥料的可溶性。
②该技术适宜区域为黑龙港流域雨养旱作区及非充分灌溉区

4. 技术咨询服务机构

沧州市农林科学院
联系人：阎旭东　13833984689　徐玉鹏　13932763123

低平原区夏玉米微喷带补充施肥灌溉水肥一体化技术

1. 技术概述

总施肥量建议为当地地面灌溉高产施肥量的 70%，底肥推荐采用长效控失肥（30%N，20%P，30%K），微喷带水肥一体化进行适时适量灌溉施肥（70%N，80%P，70%K）。

当施肥量为地面灌溉高产施肥量 70% 时，该技术比当地地面灌溉高产田夏玉米增产 12% 左右；节肥 30%，N 和 P 的偏肥料生产力提高 60%。

2. 技术要点

（1）免耕播种

小麦收获后秸秆还田，采用免耕方式播种，播种机作业速度不得高于 4 km/h，确保播种质量，防止漏播。

（2）种肥

利用播种施肥一体机免耕播种，随种施入肥料，种肥间距 7～10 cm；总施肥量为当地高产推荐施肥量或者测土配方施肥量的 70%～90%（考虑到进一步增产），其中 30%N，20%P，30%K 作为种肥施入。建议采用长效控失肥料作为底肥，以减少养分流失。

（3）播种

小麦收获后及时抢播，播种期不晚于 6 月 18 日；采用等行距种植，一般行距为 60 cm 左右；播种深度 3～5 cm，播种均匀一致，覆土上虚下实；紧凑型品种的适宜种植密度为 5 000 株/亩左右，半紧凑型品种的适宜种植密度为 4 500 株/亩左右。

（4）微喷带系统布置

选择双翼的微喷带（N65），带宽 65 mm，每组 14 孔，喷孔均匀排列，每两孔间距 0.08 m，每组 1.14 m 长。微喷带铺设间距为 4.8 m，即 1 条微喷带灌溉 8 行玉米，工作压力控制在 0.06 MPa（0.06～0.08 MPa）。支管、分干管、主管和首部枢纽，按水力学设置要求布置。

（5）灌溉制度

在两条微喷带之间、距离其中一条微喷带 1.2 m 处 20 cm 深度埋设一支负压计。播种后、大喇叭口期、花粒期等关键生育期，根据土壤墒情进行灌溉；每次灌水量 15 mm 左右；灌溉后及时观察负压计，如果土壤水基质势升高到 −10 kPa 以上，则完成这次的灌溉；如果土壤基质势未升高到 −10 kPa，则再灌溉一次（15 mm），重复上述步骤，一直到土壤基质势升高到−10 kPa以上，则停止灌溉。

（6）施肥灌溉制度

剩余的70%N，80%P，70%K养分，采用微喷带施肥灌溉施入；选用水溶性好的固体肥料，如尿素、硝酸钾、磷酸二氢钾等补充N、P、K养分。

在大喇叭口期、花粒期施入，其中大喇叭口期施入总追肥量的3/4，花粒期施入总追肥量1/4。

即使在在大喇叭口期、花粒期土壤墒情好，为避免夏玉米关键生育期缺肥，也需要进行施肥灌溉。

（7）土壤养分检测与修正

定期取土样，测定土壤饱和泥浆提取液中速效养分浓度，根据土壤养分状况对上述每次灌水的随水施肥量进行定期修正。

（8）田间管理

其他管理措施同常规。

3. 注意事项

①调节施肥罐流量计，保证施肥灌溉结束后，喷10 min左右清水。
②该技术适宜区域为环渤海低平原区。

4. 技术咨询服务机构

中国科学院地理科学与资源研究所
联系人：万书勤　电话：010-64889586

饲用小黑麦与（青贮）玉米复种节水种植技术

1. 技术概述

饲用小黑麦是由硬粒小麦或波斯小麦与黑麦远缘杂交，经过染色体加倍形成的六倍体饲用作物。饲用小黑麦具有生物产量高、营养价值好、抗逆性强、适应性广、抗旱节水等特点，并可充分利用冬闲田，且能有效缓解冬春枯草季饲草紧张的矛盾，青饲、青贮、干草均可，作为一种冷季型饲草，在北方农区越来越受到人们的青睐。在冬小麦种植区域，多为冬小麦与玉米复种模式。饲用小黑麦可替代冬小麦，与玉米进行复种，形成一年两作。

饲用小黑麦为一年生越冬性冷季型饲草，生长习性接近冬小麦。播种时期与冬小麦一致，作为饲草收获时期为灌浆期，株高可达 1.5～1.7 m，海河平原区一般在 5 月 15—20 日。收获之后种植玉米或青贮玉米，形成一年两作。玉米可种生育期长的品种，以此提高玉米产量。

饲用小黑麦播种方式、整地、施肥等管理措施同冬小麦。收后种植玉米，较一般夏播玉米播期提前 15～20 d，增加了玉米的生长时间。因此选用生育期较长品种，充分发挥玉米生产潜力，产量较普通夏玉米渴望增产 100 kg/亩以上，玉米栽培管理方式同夏玉米。玉米也可种植青贮玉米，作全株青贮饲草收获利用。

经济效益：小黑麦可亩收鲜草 2.5 t，或干草 750 kg，效益 1 000 元以上。年效益与冬小麦与夏玉米复种效益相当。

节水肥药情况：饲用小黑麦只需春灌一次，返青水即可，较冬小麦亩节水 50～100 m³。饲用小黑麦施肥量较小麦低，底肥可减少 50%，春季追氮肥较小麦少 30%。饲用小黑麦对锈病免疫、高抗白粉病无需农药防治；抗虫，生育期间虫害只有蚜虫少量发生，一般无需防治。因此与小麦相比生育期间不使用农药。

2. 技术要点

（1）饲用小黑麦栽培技术要点

①品种选择。中饲 1048、冀饲 2 号等。

②整地、播种。平整土地、提高播种质量，保证出苗整齐健壮。播种方式同冬小麦。播种机械采用冬小麦播种机。

③底肥。整地前亩施复合肥 25 kg。

④播量播期。海河平原区 10 月份开始即可播种，亩播量 10 kg。自 10 月 15 日始播期每错后一天，播量由 10 kg 增加 0.5 kg。

⑤适时浇水追肥。春季 3 月底至 4 月初浇水一次，亩追施尿素 15 kg，最晚须在清明节前完成。

⑥适期刈割。收获时间，盛花期后一周，籽粒灌浆期。饲喂牛羊一次性刈割。刈割时间较短，一般 5～7 d。鲜草饲喂鸡、兔、鹅可进行多次刈割。

⑦饲草收获。青贮采用玉米青贮机；干草采用苜蓿收获机械即可。

（2）玉米栽培技术要点

①品种选择。选用生育期较长品种，较一般夏播玉米播期提前 20～25 d，增加了玉米的生长时间，可充分发挥玉米生产潜力。

②播种、种植密度、肥水、除草等管理方式同普通夏玉米。玉米也可选用专用青贮玉米品种，作饲草全株青贮收获利用。青贮玉米种植密度适当加大，一般为每亩 5 000 株。

3. 注意事项

①倒伏：种植密度过大，易倒伏，出现少量倒伏为最佳密度，既使较大面积倒伏也不会影响草产量和草品质，因为倒伏一般出现在抽穗期后，接近收获期。只是给青贮刈割带来不便，不方便做青贮加工收获。此时采用苜蓿收获机械进行干草收获即可，倒伏对机械收获加工干草不会产生影响。

②多次刈割：青饲时可采取多次刈割，若多次刈割，刈割时期需在拔节后期以前进行，否则刈割后不能再生。多次刈割产草量低于一次刈割；且多次刈割不能使用机械作业，只能人工进行，否则机械的碾压会影响再生。青饲用不完及时青贮，也可晒干草。

③该技术适宜区域为黄淮海平原区。

4. 技术咨询服务机构

河北省农林科学院旱作农业研究所

电话：0318-7920316

谷子集雨高效生产新型实用技术

1. 技术概述

特指集微垄膜侧沟播或全膜穴播等地膜覆盖及其配套措施于一体，实现旱地谷子集雨保墒高效生产的综合技术。本成果针对旱地谷子生产依赖于自然降水，产量低而不稳的问题，研究了谷子集雨高效生产技术体系，包括微垄膜侧沟播和全膜穴播及配套农机农艺结合轻简栽培技术。该技术充分发挥了微积流、保墒、增温作用，变无效降水为有效降水，提高了自然降水的利用率。采用配套轻简栽培技术，谷子单产提高30%以上；基本不间苗不除草；播种覆膜施肥一次性完成；亩节本增收300元以上，实现了谷子高产、高效的目标。创建了适宜不同种植区域的种植模式，与企业合作研发了覆膜播种机、残膜回收机等配套农机6台，制定了河北省地方标准1项，鉴定成果1项，2017年获得河北省山区创业二等奖1项，发表论文8篇，整体研究达国内领先水平。

2015年属大旱年份，9月25日，在武安市邑城镇白府村示范田，经专家组检测：冀谷36膜侧沟播栽培示范田平均亩产406.54 kg，较对照当地常规管理的冀谷36（亩产201.08 kg）亩增产205.46 kg，增产幅度为102.18%。冀谷36全膜穴播栽培示范田平均亩产476.04 kg，较对照亩增产274.96 kg，增产幅度为136.74%。按照当时谷子价格4.2元/kg计算，膜侧沟播栽培的冀谷36较对照亩增收867.13元，去掉增加地膜和起垄覆膜成本60元/亩，每亩较对照亩节支增收807.13元。全膜穴播栽培的冀谷36较对照亩增收1 154.83元，去掉增加地膜和起垄覆膜成本80元/亩，每亩较对照节支增收1 074.83元。

2016年属多雨但分布不均年份，9月10日，经专家在武安市邑城镇白府村田间检测：冀谷37膜侧沟播示范田平均亩产364.52 kg，较当地露地常规管理的对照冀谷37（亩产315.3 kg）亩增产49.22 kg，增产幅度为15.61%。冀谷37全膜穴播示范田平均亩产398.22 kg，较露地对照亩增产82.92 kg，增产幅度为26.3%。按照当时谷子价格4.0元/kg、人工成本60元/人·天计算，膜侧沟播栽培的冀谷37较对照亩增收196.88元，亩节约人工成本120元，去掉增加的地膜和起垄覆膜成本60元/亩，较对照亩节支增收256.88元。全膜穴播栽培的冀谷37较对照亩增收331.68元，亩节约人工成本180元，去掉增加地膜和起垄覆膜成本120元/亩，每亩较对照节支增收391.68元。

2. 技术要点

（1）播前准备

①施底肥。微垄膜侧沟播：在中等地力条件下，每亩底施腐熟有机肥1 500～

2 000 kg，氮磷钾复合肥（N：P_2O_5：K_2O＝22：8：15）30～40 kg，或缓控释肥（N：P_2O_5：K_2O＝18：7：13）40～50 kg。

全膜穴播：在中等地力条件下，每亩底施腐熟有机肥 2 000～3 000 kg，氮磷钾复合肥（N：P_2O_5：K_2O＝22：8：15）50～60 kg，或缓控释肥（N：P_2O_5：K_2O＝18：7：13）60～70 kg。

②整地。在前茬作物收获后，灭茬并深耕深翻土壤 20～25 cm。镇压、耙糖保墒，使土壤细碎、地表平整无根茬。

③品种选择。选择适合当地种植的抗旱、抗倒、优质、高产品种，膜侧沟播优先选用抗拿捕净或咪唑乙烟酸除草剂品种。

④地膜选择。微垄膜侧沟播：选用宽 40～50 cm、厚 0.008～0.012 mm 的地膜。

全膜穴播：选用宽 120～160 cm、厚 0.010～0.012 mm 的普通地膜、黑膜或渗水地膜。

（2）播种

①播种期。雨后播种，保证墒情适宜，或先播种等雨出苗。早春播适宜播种期 4 月 20 日—5 月 10 日，晚春播适宜播种期为 5 月 10—30 日，夏播适宜播种期 6 月 10—30 日。

②机具选择。微垄膜侧沟播采用 14.7～25.7 kW 四轮拖拉机悬挂的起垄覆膜沟播一体机。全膜穴播采用 25.7～36.7 kW 四轮拖拉机悬挂的旋耕覆膜覆土穴播机。

③种植要求。微垄膜侧沟播：垄底宽 30～40 cm，沟宽 40～50 cm，垄高 10～15 cm，垄顶呈弧形。谷子种于膜外侧 3～5 cm，播种深度 3～5 cm。膜两边各压土宽 5 cm 拉紧压实。

全膜穴播：膜上穴播，行距 40 cm，穴距 15～25 cm，播种深度 3～5 cm。

④播种量。微垄膜侧沟播：常规品种精量播种每亩 0.30～0.6 kg；抗拿捕净除草剂品种按说明书执行。

全膜穴播：每亩播种量 0.2～0.3 kg。

（3）田间管理

①查苗、补苗。谷子出苗后及时查苗补种。缺苗严重地块要及时补种，不太严重地块也可等苗 5～7 叶期从密植地块移栽。

②间苗、除草。微垄膜侧沟播地块，常规品种精量播种，留苗密度按品种说明执行，特殊情况苗稠时人工辅助间苗；人工除草。抗拿捕净或咪唑乙烟酸除草剂品种采用相应除草剂间苗、除草。全膜穴播地块免间苗，注意膜间除草。

③追肥与中耕培土。微垄膜侧沟播地块，在苗高 35～45 cm 时进行中耕施肥，亩追施尿素 15～20 kg，其中未采取化学除草的地块在苗高 15～25 cm 时中耕一次。全膜穴播不追肥。

（4）收获

一般在蜡熟末期或完熟期收获。

（5）残膜处理

采用残膜回收机将残膜回收，也可第二年再次利用后回收。

3. 注意事项

①全膜精量穴播技术应注意播种出苗时避开降雨。

②全膜精量穴播技术适宜区域为生长季降雨量 300 mm 以上的地区，微垄膜侧沟播技术适宜区域为生长季降雨量 400 mm 以上的地区。

4. 技术咨询服务机构

河北省农林科学院谷子研究所

联系人：夏雪岩　李顺国　电话：0311-87672505　0311-87670691

坑塘雨水集蓄调控利用技术

1. 技术概述

根据降水和季节性引水布局情况，河北省渤海粮仓实施区域坑塘沟渠可调蓄雨水和客水能力约 10.0 亿 m^3。同时根据坑塘周年水量水质情况和作物对水分的敏感程度存在差异进行冬季储水灌溉、春季抗旱灌溉、夏季应急灌溉。

该技术利用坑塘水进行灌溉，平水年份小麦季减少深层地下水开采 60 m^3，玉米季减少 40 m^3，全年节约地下淡水 100 m^3 左右。同时利用坑塘水进行灌溉亩年节本 65 元左右，利用坑塘蓄积雨水每亩增收 100 元以上，最终实现利用坑塘水可节约 165 元以上。雨水利用效率提高 20%。

2. 技术要点

在 7 月下旬至 8 月中旬大雨、暴雨等发生频率较高的时间段，通过对沟渠和坑塘进行清淤，一则集蓄本地的降水，另外集蓄主要河流上游的洪水和沥水。在坑塘周围建立泵站，实现集蓄雨水的资源化利用。

3. 注意事项

①当坑塘水质大于 4 g/L 时不能用于冬小麦灌溉，当坑塘水质大于 3 g/L 时不能用于玉米灌溉。

②该技术适宜区域为坑塘分布较多且夏季降水形成径流较多地区。

4. 技术咨询服务机构

中国科学院遗传与发育生物学研究所农业资源研究中心

联系人：孙宏勇　电话：0311-85814362

微咸水灌溉下土壤保育技术

1. 技术概述

利用不大于 5 g/L 微咸水在冬小麦拔节期替代一次淡水或者增加一次微咸水灌溉，增产节水效果明显，在一定程度上可缓解淡水灌溉资源不足问题，但长期微咸水灌溉带来的土壤积盐和氯钠离子比例提高、土壤初始入渗率降低，破坏土壤水稳性团聚体，导致土壤物理化学性质恶化，影响土壤养分有效性等。研究发现，提高土壤有机质可以提升作物的耐盐阈值，提高微咸水灌溉的矿化度。

该技术冬小麦亩产 450～480 kg，夏玉米亩产 550 kg 以上，两季合计亩产 1 000 kg 以上。

2. 技术要点

随着农业机械化普及，环渤海低平原小麦玉米种植区已全面实现了秸秆全程全量连年还田，熟化和蓄积雨水土壤耕作技术的发展，使土壤肥力和土壤有机质普遍得到了大幅度提升，土壤对有害离子缓冲能力增强，微咸水的灌溉阈值由 3 g/L 提高到 5 g/L，为该区域大面积应用微咸水灌溉提供了基础。

(1) 秸秆还田方式

冬小麦秸秆实施粉碎覆盖还田，即冬小麦收获时将秸秆粉碎直接还田，由于下茬夏玉米为贴茬播种，小麦秸秆起到了覆盖效应；夏玉米秸秆实施粉碎还田，夏玉米收获后，立即用秸秆粉碎机粉碎两遍。

(2) 秸秆还田质量

小麦秸秆粉碎长度不大于 150 mm，麦秸含水率为 10%～15%粉碎合适，含水量越低粉碎效果越好。玉米秸秆粉碎长度不大于 100 mm，合适的含量率为 20%～30%，含水量越高粉碎效果越好。

(3) 增施氮肥

在秸秆还田的农田增加氮肥用量，调整 C/N 比，底肥施氮肥 8～10 kg/亩。

(4) 土壤耕作

玉米秸秆粉碎后立即进行土壤旋耕或深耕使秸秆与土壤混合，加快秸秆分解。

3. 注意事项

①对于土壤有机质含量较低的土壤，慎用高矿化度微咸水灌溉。
②该技术适宜区域为河北省低平原小麦玉米一年两熟种植微咸水灌溉区域。

4. 技术咨询服务机构

中国科学院遗传与发育生物学研究所农业资源研究中心

联系人：陈素英　张喜英　邵立威　电话：0311-85871762

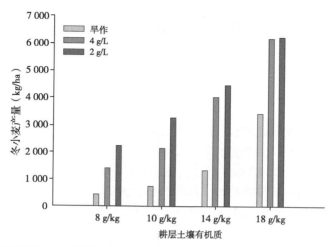

不同土壤有机质含量对不同高矿化度微咸水灌溉冬小麦产量的影响

咸淡混灌精准调控装置与技术

1. 技术概述

针对常规咸淡混浇技术咸淡水混合比例固定，咸水混合比例偏低问题，研制了咸淡水混灌精准调控装置与技术。该套装置和技术可以根据不同时期作物的耐盐阈值进行各时期适宜矿化度灌溉水的自动精准配制，既保证最大量应用微咸水比例，又通过严密监测来保障灌溉安全。该系统咸淡水自动混合，操作简单。按动灌溉操作系统不同生育时期按钮，即可实现符合相应生长时期的安全灌溉混合水配制，并且浅层微咸水混合比例最大。

该技术可减少深层地下水超采，节约灌溉成本，可较常规咸淡混浇进一步提高咸水利用率 15%～30%。

2. 技术要点

（1）测定微咸水矿化度

先测定浅层微咸水矿化度，如果微咸水矿化度低于 3.5 g/L，可一个深井配两个微咸水井。如果微咸水矿化度高于 5 g/L，则配一个微咸水井。

（2）按装咸淡水精准智能混合装置

咸淡精准混灌装置由河北省农林科学院旱作农业研究所研制。咸淡水精准智能混合装置由灌溉水矿化度监测系统、流量监测系统、配水控制系统及灌溉操作系统组成。安装时不同系统分别与相应的深水井泵、浅层微咸水泵、混合罐等正确连接。

（3）混合装置调试

精准混合装置安装完成后，开启某一时期的按钮，进行试运行，如果混合水的矿化度读数与该时期矿化度阈值吻合，则装置工作正常，否则需要进一步调试，直至运行正常。

（4）灌溉应用

在需要灌溉时，灌溉前，首先开启总电源开关。总电源控制开关打开后。先分清和选择灌溉作物是小麦还是玉米，按正确的作物选择按钮。正确选择作物完成后，根据作物所处的生育时期，选择相应的按钮。比如小麦拔节期灌溉，则按动"拔节期"按钮，则淡水深井泵和浅层微咸水泵分别开启，并混合为合适的混合水矿化度，进行拔节水灌溉。

（5）灌溉完成

灌溉完成后，切断总电源控制开关。

3. 注意事项

①因为混灌系统由 2～3 个水泵构成，一定要安装总电源控制开关；混合系统安装时，需要专业人员安装，一定安装逆止阀，放气阀等保护装置，防止误操作破坏输水管道。

②该技术适宜区域为适宜深层地下水超采并有浅层微咸水资源，小麦玉米一年两作

种植区域。

4. 技术咨询服务机构

河北省农林科学院旱作农业研究所
联系人：李科江　马俊永　党红凯　曹彩云　郑春莲　电话：0318-792020

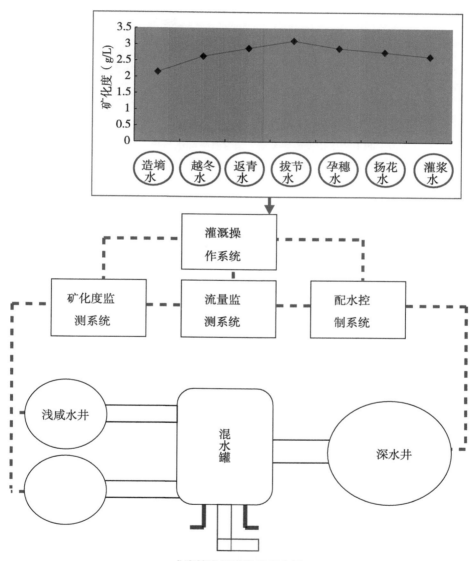

咸淡精准混灌装置示意图

图中为咸淡精准混灌装置由深水井、浅层微咸水井构成的水源，及混水罐和矿化度监测系统、流量监测系统、配水控制系统和灌溉操作系统等组成。作物不同时期的耐盐阈值事先输入混合控制系统中，并与相应按钮对应，灌溉时按动不同时期按钮，可自动混配适宜该时期的咸淡混合水

咸淡精准混灌装置构造图

图中的 1 为矿化度监测系统，2 为灌溉操作系统，3 和 4 为组合为混水系统，5 为浅层微咸水输入管道，6 为深井输入管道

苜蓿—冬小麦—夏玉米轮作新型实用技术

1. 技术概述

随着苜蓿种植年限的延长，土壤含水量呈较为明显的下降趋势；同时，苜蓿产量、再生速度、分枝数、粗蛋白含量、相对饲用价值整体上也随着年限的增长而呈下降趋势，而杂草、病虫害等为害呈严重趋势。因此，苜蓿利用一定年限后需要进行轮作，以解决上述问题。

本技术是在苜蓿生长利用 5～6 年后翻压种植冬小麦/夏玉米 1 年，然后再种植苜蓿，5～6 年后翻压再种植冬小麦/夏玉米 1 年。按照该程序进行苜蓿与冬小麦/夏玉米的轮种。

该技术单位面积冬小麦产量、单位面积夏玉米产量、单位面积总纯收益分别高出常规的冬小麦—夏玉米轮作模式 28.2%、22.8% 和 71.08%；苜蓿—冬小麦—夏玉米轮作模式单位面积总纯收益高出利用 6 年的苜蓿连作模式 27.4%。本技术应用需要加强地下害虫防治。

2. 技术要点

（1）苜蓿适宜利用年限的确定

综合苜蓿地产量变化、土壤含水量变化和单位面积土地经济效益来看，紫花苜蓿适宜利用的年限为 5～6 年。此后翻耕轮种农作物，是比较理想的。

（2）苜蓿适宜翻耕时间的确定

黄淮海农区随着苜蓿翻耕时间的延迟，冬小麦播前土壤含水量显著降低，冬小麦出苗率和小麦籽粒产量显著下降。为保障冬小麦出苗和获得高产，降低地下淡水资源开采灌溉量，黄淮海平原区轮种冬小麦的苜蓿翻耕时间以 8 月 10 日前为宜，即冬小麦播前 2 个月。

（3）苜蓿翻耕及处理技术

苜蓿地上部刈割完后，利用翻耕机械将地上部剩余植物体及根系一同深翻埋到土壤里，翻耕深度一般在 30 cm 以上。

苜蓿翻耕过程每亩施用 20～25 kg 毒土（75%辛硫磷以 1∶2 000 的比例拌成），用于防治地下害虫。水浇地翻耕时采取先翻耕后灌水（每亩灌水量 40～50 m³），再施入适量石灰（每亩 4～5 kg）。旱地翻耕要注意保墒、深埋、严埋，使苜蓿残体全部被土覆盖紧实。

再生紫花苜蓿处理，冬小麦播种前，一般在再生紫花苜蓿苗期喷施 75%二氯吡啶酸可溶性粉剂 1 500～2 500 倍液；同时结合冬小麦播种整地进行旋耕。

（4）轮种冬小麦种植管理技术

多年利用的苜蓿地土壤干旱比较明显，而且肥力较高，接茬轮种的冬小麦须选用耐旱、喜肥、丰产稳产和抗倒伏的品种。轮种的冬小麦，氮肥可减施 30%～100%、磷肥增施 40%～60%。从灌溉来看，由于苜蓿根系发达，对土壤水分消耗量较大，3 年以上苜蓿地耕层土壤干旱明显，轮种冬小麦苗期一般需要补灌 300～450 m^3/hm^2、冻水补灌 225～300 m^3/hm^2。

（5）地下害虫防治技术

苜蓿生长期长而繁茂，且多没有对地下害虫进行过农业和药剂防治，同时在苜蓿根茬腐烂过程也容易带来一些害虫，特别是蛴螬、蝼蛄显著比冬小麦—夏玉米轮作农田多，对小麦和玉米危害较大，需加强地下害虫防治。一是在苜蓿翻耕过程施入杀虫剂，二是播种时采用 40%甲基异柳磷乳油进行拌种，根据实际研究与生产调查，黄淮海平原区苜蓿—冬小麦—夏玉米轮作农田地下害虫主要是蛴螬、蝼蛄。

3. 注意事项

①多年苜蓿地土壤干旱明显，与冬小麦接茬轮种时，在冬小麦播前至少 2 个月进行翻耕，以给冬小麦播种出苗创造较好的土壤水分条件，保证苜蓿残茬部分腐烂分解，以利于小麦播种。

②翻耕时要尽量彻底切断苜蓿根系，翻耕深度要掌握在 30 cm 以上。

③翻耕后，要注意加用杀虫农药，以减少地老虎等害虫对后作物的为害。

④该技术适宜区域为本技术主要适用于黄淮海平原区。

4. 技术咨询服务机构

河北省农林科学院农业资源环境研究所

联系人：刘忠宽　刘振宇　电话：13780218715　13780219140

春玉米套播冬绿肥二月兰新型实用技术

1. 技术概述

二月兰为十字花科越年生绿肥，种子具有高温休眠特点，可在6—8月适宜时间撒播，种子在9月初才开始发芽，当年形成高密度地表覆盖。第二年春季返青早，农历二月开花，花期35 d左右。

采用撒播，每亩播种量1～1.5 kg，种植成本60元/亩左右，全程不需要灌溉、施肥及其他管理，接茬作物播前10 d左右将绿肥体翻压、整地播种或灭生免耕播种。

该技术二月兰早春收获100 kg/亩菜薹，价值300～400元，花期长可发展养蜂；与对照（裸露）比较，接茬作物增产15%～20%，减施化肥20%～30%（60%），亩纯增收40～80元；总增收340～480元/亩。种植3年，土壤有机质含量提高0.2%～0.3%，速效磷含量提高30%左右，速效氮、速效钾含量提高20%左右，含盐量下降35%左右，土壤物理结构和生物性状显著改善。土壤表土风蚀显著减低、农田扬沙明显得到抑制，春季农田耕层土壤含水量呈提高趋势；同时农田病虫草害等有害生物显著下降。

2. 技术要点

（1）播前准备

①种子选择。选择当年通过休眠期的新种进行种植，应精选或筛选种子，清除种子内杂物，做好发芽试验，准确掌握种子的发芽率和发芽势。

②精细整地。播种地块一定要翻耕、耙平，达到上虚下实、无土块杂草。保证土壤足够的墒情，做到足墒下种，从而保证种子萌发和出苗。

③施基肥。二月兰是十字花科作物，对于氮磷钾肥都比较敏感，特别是氮肥。一般来说，播种时可不施肥。亩施肥5 kg尿素，能更好保证二月兰在冬前良好生长。

（2）精细播种

①播种时期。二月兰在初霜前至少40 d要进行播种，晚播则苗小易造成越冬死亡。各地应当根据当地具体情况，确定播种期播种。偏北一些的地区，应适当提前播种。二月兰种子具有高温休眠特点，可在玉米、谷子、高粱、棉花、大豆等作物苗期进行行间撒播播种（套种），不进行任何处理。

②播种方式。撒播和条播2种方式。条播行距15～20 cm，作物收获后撒播播种需用小四齿或平耙等工具翻土掩埋、镇压。有条件的可用专用工具或机械播种，无论哪种方式播种后都要耙平，适时镇压。管理粗放时需加大播种量。

③播种量。亩播量1.0～1.3 kg，条播比撒种可减少播种量20%～30%。整地质量好，土壤细碎可以相对节约播种量。农田套种可适当增加播种量，弥补作物采收时，人工、机械的踩踏损失。

④播种深度。二月兰以浅播为宜，在保证出苗墒情播深 1～2 cm 即可，墒情差的地块则需要播深 2～3 cm。8 月底前播种的一般可不浇水，利用自然降雨即可出苗。

（3）田间管理

如不追求鲜草产量，一般可不追肥。但追肥、灌水可以大幅度提高鲜草产量，改善做菜时的兰薹品质。一般不必进行除草等其他管理。

①追肥。为保证二月兰有较高的鲜草量，追肥是必要的。一般在第 2 年春天积雪融化后，撒施 3～4 kg/亩尿素。

②浇水。越冬前，有条件地区可浇水 1 次。在返青时（日平均气温 5℃左右时）灌水 1 次，可大幅度提高鲜草产量。

③病虫害防治。二月兰极少感染病虫害，但天气阴冷潮湿、种植密度过大则易发病，可通过合理密植和化学药剂进行防治。

（4）适时翻压

全生育期不抽取地下水灌溉，不收获。下茬作物播种前、二月兰盛花期直接翻耕入田，培肥地力。

3. 注意事项

①严格把握好播种时期。二月兰在初霜前至少 40 d 要进行播种，晚播则苗小易造成越冬死亡。

②严格把握好二月兰翻压时期。既要考虑二月兰生物产量，也要考虑接茬主作物安全播种及二月兰腐解，一般二月兰盛花期翻压较为适宜。

③该技术适宜区域为除坝上地区的河北省春播玉米区，同时可供西北、东北、华北等春玉米产区参考应用。

4. 技术咨询服务机构

河北省农林科学院农业资源环境研究所
联系人：刘忠宽　刘振宇　电话：13780218715　13780219140

肥沃耕层快速培育与养分高效利用新型实用技术

1. 技术概述

河北环渤海低平原土壤瘠薄、盐碱是制约该区域粮食产量提升的主要原生障碍因素。长期以来该区域冬小麦夏玉米一年两熟种植情况下秸秆实施粉碎旋耕还田造成了养分过度表聚、犁底层加厚并上移、耕层结构变差，由此引起作物生长期间根水肥严重错位，影响了作物对水肥的吸收利用，是限制作物产量进一步提升的主要衍生因素。农业生产中，农民为了片面追求高产，盲目过量施肥现象普遍存在，不仅造成了肥料资源浪费，还提高了环境污染风险；在肥料种类上，由于过分注重化学肥料而忽视了有机肥的施用，土壤持续供肥能力薄弱，易导致作物早期营养生长过剩，后期土壤养分供应不足，易出现脱肥、早衰，影响作物产量。

针对上述问题，本套肥沃耕层快速培育与养分高效利用技术的优势如下。

①通过少耕—深松—深耕—秸秆深翻/埋轮耕技术打破犁底层，构建深厚的蓄水营养层，促进作物根系与水、肥的同位发育。

②通过有机肥—无机肥—微生物养分增效剂—秸秆腐熟剂配合施用加速还田秸秆腐解和有机养分有效化速度，培育团聚化肥沃耕层，实现土壤肥力快速提升。

③播前通过测土配方施肥，实现养分的均衡供应与数量上的供需匹配，避免施肥过量或施肥不足，肥料种类上尽量选择缓控型复合肥料与速效性肥料搭配施用；追肥通过作物氮素实时诊断与精量推荐施肥，充分发挥地力与肥料增产效果，实现节本增效。

通过本技术模式的应用，可以有效改善耕层土壤质量，提高土壤持续供肥能力，提高土壤对盐害的缓冲性能和作物对盐害的抵抗能力；协调土壤养分供应以满足作物需肥规律，达到土壤养分供应与作物养分需求在时间上相一致，在空间上相匹配，确保作物持续高产、稳产和养分资源的高效利用。

本项技术模式的应用，实现冬小麦夏玉米产量提升 10%～15%，节肥增效 10%～15%。

2. 技术要点

(1) 冬小麦

①耕作与秸秆还田。玉米收获后，通过在秸秆粉碎机具上安装液体腐熟剂喷洒装置或固体腐解剂撒施装置，实现秸秆粉碎与喷洒腐熟剂同步作业，促进秸秆腐解速度。玉米秸秆在粉碎旋耕还田基础上，每3～4年进行一次深翻或深埋还田，推荐实施"浅旋—浅旋—深翻"或"浅旋—深松—深翻"轮耕模式。

②底肥。耕地前每亩施用腐熟鸡粪/猪粪 100～150 kg、微生物养分增效剂 1～1.5 kg、纯氮 7～10 kg、五氧化二磷 8～13 kg、氧化钾 5～6 kg。有条件的情况下，实施测土配

方施肥。肥料均匀撒施后尽快进行耕作，平整土地，避免肥料的挥发损失。化肥品种以缓控型复合肥与速效性肥料配合施用，配合比例以60%～80%缓控肥配合20%～40%速效性肥料为宜。

③追肥。在小麦拔节期进行追肥，追肥时施用速效性氮肥，肥料品种以尿素为宜，追肥量为每亩5～7 kg纯氮，折合尿素10～15 kg/亩。有条件情况下，可采用基于数字图像分析的氮素实时诊断与推荐施肥技术，根据作物氮素营养状况确定施肥量。

（2）夏玉米

①种肥。小麦收获后秸秆实施覆盖还田，起到保墒节水作用。玉米采用肥料分层深施-播种一体化机具进行贴茬播种和施肥，实现肥料的全耕层分层施用，减少肥料的氨挥发损失，并促进根水肥同位，提高肥料利用效率。肥料品种为玉米专用缓控型复合肥料为宜，以氮素用量确定施肥量，施氮量推荐每亩13～15 kg N/亩。该肥料用量基本能满足玉米全生育期需求，一般情况下可不用再追肥。

②追肥。大喇叭口期利用数字图像诊断技术进行氮素诊断或视作物长势考虑是否追肥，做到因缺补缺，避免盲目过量施肥。如果确切需要追肥，采用撒施后立即灌溉，以减少氨挥发损失。

3. 注意事项

①小麦底肥施用后应尽快进行耕作，小麦、玉米追肥后应尽快进行灌溉，以尽量减少肥料的氨挥发损失。

②该技术适宜区域为环渤海平原冬小麦、夏玉米轮作区；土壤类型——黄棕壤、棕壤、褐土、潮土、砂姜黑土、盐碱土等碱性土壤。

4. 技术咨询服务机构

中国科学院遗传与发育生物学研究所农业资源研究中心
联系人：张玉铭　胡春胜　联系电话：0311-85809143

小麦膜上覆土保水抑盐技术

1. 技术概述

针对环渤海低平原雨养旱作区盐碱半休闲地资源丰富，盐分含量稍高，粮食增产潜力大、淡水缺乏且雨水利用效率低等现状，利用成套改良的农机（ZMXF-120型覆膜覆土联合作业机）实现小麦耕作-覆膜-覆土-穴播一体化操作，通过膜上覆土调温保墒作用，可充分利用9—11月降雨，拓宽或延长小麦播种适期，同时防止播种后遇风穴孔错位，增加地膜与地表的紧密接触，促进作物顶膜出苗，提高小麦出苗率。膜上覆土还可以抑制杂草生长，减少春季喷施除草剂，降低成本。小麦膜上覆土增产效果显著，实现土壤水分高效利用的目标。总之，小麦膜上覆土具有调温、保墒、抑盐、抑草、增产的作用。

本技术规程通过改善作物生长水热条件，抑制土壤盐分表聚，充分利用小麦播种期的降雨，拓宽播期阈值，环渤海低平原区小麦最晚可在11月20日左右播种，仍可实现小麦的旱作稳产高效的目标。小麦膜上覆土保水抑盐技术与不覆膜相比，提高苗期地温0.87～2.82℃，降低日均棵间蒸发16.09%～31.07%，抑制盐分表聚，2015—2017年3年膜上覆土小麦产量提高30.4%～155.61%，水分利用效率27.6%～96.6%。

2. 技术要点

播种前需整地及施肥，前茬秸秆粉碎后整地前每亩施用纯N 13.6 kg，P_2O_5 11.5 kg作底肥。田间深松25 cm以上，或旋耕2遍，深度15 cm左右，耕后平整土地。小麦播种时利用2MXF-120型播种机，进行覆膜覆土穴播一体化操作。该机采用旋耕方式强制性取土，并采用宽幅输送带输送土壤，使土均匀铺洒在膜面，但播种速度不可太快，需保持膜上覆土1 cm厚度左右，覆土不可过厚。播量通过下种口调节，播前需检查有无阻塞。

3. 注意事项

①小麦覆膜前一定要平整土地，秸秆还田要粉碎，玉米茬要粉碎（非常重要）。
②播种机要用13.2～22马力拖拉机。
③地膜厚度为0.008～0.01 mm。
④播种速度在3.2 km/h。
⑤播种量在10～17.5 kg。
⑥小麦播种前，一次性施足底肥。
⑦膜上覆土保水抑盐技术可有效抑制杂草生长，但需要注意虫害防治。
⑧该技术适宜区域为适合于低平原地区主要的冬小麦—夏玉米一年两熟种植区，适合于地势平坦的雨养旱作地区，适用于川、塬、梯田、沟坝等平整土地且降雨量较少的地区。

4. 技术咨询服务机构

中国科学院遗传与发育生物学研究所农业资源研究中心
联系人：刘孟雨 张明明 董宝娣 电话：0311-85825949

滨海盐碱地改良植棉技术

1. 技术概述

河北省滨海地区有将近 960 万亩的盐碱地，经过适度土壤整理改造，可增加植棉用地 500 万亩左右。根据盐碱地含盐量程度不同，采用工程治理（修筑台田）、微工程治理、以及配套农艺措施，可实现在盐碱地上亩产籽棉 200～250 kg 的目标，对河北省稳棉增粮战略目标的实现具有重要意义。

该技术亩产籽棉 200～250 kg，增产 15% 左右，亩增效 150 元左右。

2. 技术要点

（1）盐碱地工程改良措施

对于轻度盐碱地，不必采取工程改良措施；中度盐碱地可采用微工程土壤治理；重度盐碱地采用"上棉下渔"的台田—浅池立体种养模式。

① 微工程土壤治理。以"田平、块小，沟深、沟多"为原则，对地块进行整理，削高填洼，通过增设排水沟，减小田块相对面积；主排水沟深、小排水沟多，沟沟相通。大体规格：在原有的排灌渠系基础上，增加毛沟、围沟、畦沟，毛沟深度 0.5～1.0 m，间距 15～25 m；耕地周围开挖 0.5～1.0 m 深的围沟，与毛沟相通；每条旱田地与毛沟垂直设置小型畦沟，深度 0.2～0.3 m，间距 15～20 m，与毛沟相通。

② "上棉下渔"的台田—浅池立体种养模式。通过挖池塘蓄水，筑台田降盐，台田种植棉花，池塘渔业养殖的种养模式来开发应用滨海盐碱地。台田高度 1.5 m，台田底部铺设暗管、秸秆、塑料膜等隔盐材料，台田上再覆土厚度约 1 m，平整后将早期剥离的表层土 40 cm 左右回填作为耕作层。台田系统中采用抬高地面开挖鱼塘和排碱沟来有效控制地下水位。第一，抬地挖塘可以增加地下水位与台田耕种表层的相对距离，使地下水位相对深度大于土壤返盐临界深度。第二，通过铺设暗管、秸秆、塑料膜等隔离层，来抑制土壤的返盐。两方面共同作用使台田表层土壤在旱季时不致引起积盐。另外，依靠自然降水或定期人工灌水可以起到淡水淋碱的作用。灌排结构与鱼塘的结合类似于小型蓄水水库，可将雨季较为充沛的雨水收集起来，以备旱季缺水时抽水灌溉。

（2）盐碱地农艺技术措施

① 淡水压盐。淡水资源充足地区，可在棉花播种前 20～30 d 对植棉土壤进行灌水压盐，亩灌水量要达到 100～150 m³，可使耕层土壤含盐量在播种时显著下降，达到出苗条件。

② 平衡施肥。针对盐碱地缺氮少磷富钾的特点，盐碱地平衡施肥提倡施用有机肥，主要补充氮肥、磷肥，减少钾肥用量，有机肥可于秋耕前施入，无机肥可于春季造墒或旋耕前施用。盐碱地最好施优质土杂肥 2～3 m³，氮肥用量一般在 10～15 kg/亩，五氧

化二磷 6～8 kg/亩；轻度盐碱地亩施氧化钾 7～8 kg，中度盐碱地 5 kg 即可，重度盐碱地可不施钾肥。

③选用耐盐碱品种。经省级以上（含省级）农作物品种审定委员会审定通过的，生育期在 125 d 左右、高产、优质、耐盐碱能力强的棉花品种，或采用短季棉晚春播；播种前可用抗盐种衣剂包衣。

④盐碱地播种技术。轻度盐碱地则可采取机械覆膜播种，播种机前带一推土器，将含盐量高的表层土壤推开，深开沟浅覆土，沟深 8～10 cm，播种后浅覆土 2～3 cm，使播种沟与地面留有 5～6 cm 的空隙，播种、覆膜、除草一体化机械作业完成。中度盐碱地可采用地膜覆盖沟作，开沟深度 20～30 cm，沟宽约 90 cm，两沟中心相距 160 cm 左右，地膜覆盖两行，行距 50 cm 左右，为了防止积水和淹涝，膜下起低垄，膜边至沟埂应有 10 cm 的距离。重度盐碱地经过台田治理工程后根据土量高低采取机械直播或地膜覆盖沟作技术。

⑤增加密度。盐碱地棉花密度需较常规地块高，亩留苗密度不低于 6 000 株。

⑥棉花前重式简化栽培。采用机械化一体播种作业一次完成推盐、开沟、播种、施肥、覆膜、压土等工序，棉花缓释肥料简化施肥次数，实行机械中耕，机械化喷药，将五步整枝改为仅打顶，蕾期浇一次关键水防早衰，从而将棉花由"三分种、七分管"变为"七分种，三分管"，降低生产成本，增加植棉效益。

3. 注意事项

①需根据盐碱地含盐量选择适合的改良措施。
②该技术适宜区域为河北省沧州市、唐山市滨海盐碱地。

4. 技术咨询服务机构

河北省农林科学院棉花研究所
联系人：张谦 冯国艺 电话：0311-87652081
电子邮箱：zaipei@ sohu.com

重盐碱地高矿化度咸水利用技术

1. 技术概述

依据咸水固—液—气三相转化淡化的基本原理,开展了重盐碱地高矿化度咸水利用技术研究,形成了冬季咸水结冰灌溉改良滨海重盐碱地技术和春季咸水灌溉地膜覆盖降盐技术,其中冬季咸水结冰灌溉技术通过冬季咸水(矿化度>15 g/L)灌溉结冰,春季咸水冰融化过程中咸淡水分离入渗过程,春季创造了淡化的土壤耕层,结合春季覆盖抑盐措施,实现了作物春季播种期作物(棉花、油葵、甜菜、甜高粱等)的正常出苗,结合夏季降雨实现了作物整个生育期的正常生长,实现了高矿化度咸水的利用;春季高矿化度咸水灌溉覆盖降盐技术,通过春季咸水灌溉(矿化度>10 g/L)补充土壤水分,结合地膜覆盖,在地膜覆盖土壤水分蒸发-回流-淡化入渗等作用下,实现了表层(0~10 cm)土壤盐分的淋洗,结合夏季降雨实现了作物(油葵等)作物的正常出苗和生长,达到了春季高矿化度咸水利用的目的。以上咸水利用技术为滨海重盐碱地改良和咸水利用提供了新的方法和途径,同时为该地区农业生产和生态环境改善提供了技术支撑。

冬季咸水结冰灌溉技术,实现了冬季利用 15 g/L 的咸水改良滨海重盐碱地,耕层土壤含盐量由最初的 1%降低至 0.3%以下,土壤脱盐率达到 70%以上,当年便可实现作物的正常出苗和生长,可获得较高的产量。

春季咸水灌溉覆膜降盐技术,可实现春季利用 10 g/L 的咸水改良滨海重盐碱地的目的,表层土壤盐分由最初的 1%降低至 0.4%以下,土壤脱盐率达到 70%以上,实现浅根系作物在滨海重盐碱地中种植。

2. 技术要点

(1) 冬季咸水结冰灌溉技术
①灌溉时间。日均温度稳定降至-5℃以下时。
②灌溉水质。以小于 15 g/L 的地下咸水或明沟排水灌溉结冰。
③灌溉水量。180 mm。
④田间管理措施。春季融冰后及时耕翻耕覆盖地膜,可保持土壤春季低盐条件;春季作物采用直接播种结合地膜覆盖。

(2) 春季咸水灌溉覆膜降盐技术
①灌溉时间。3月上旬当春季昼夜温差较大时。
②灌溉水质。以小于 10 g/L 的地下咸水或明沟排水灌溉。
③灌溉水量。180 mm。
④田间管理措施。灌溉咸水完全入渗后,及时进行耕翻覆膜,保证土壤水分蒸发凝

结回流入渗的效果。作物应选择耐盐性较高的浅根系作物。

3. 注意事项

①春季是土壤返盐高峰期，此时在水分入渗后，应及时进行地膜覆盖以保证较高的土壤水分含量和低盐土壤条件的形成。

②该技术适宜区域为土壤盐碱化较为严重，且地下咸水相对丰富的广大北方滨海重盐碱区。

4. 技术咨询服务机构

中国科学院遗传与发育生物学研究所农业资源研究中心

联系人：刘小京　郭凯　电话：15232102376

重盐碱地经济作物种植技术

1. 技术概述

针对环渤海滨海平原土壤盐碱化和淡水资源匮乏限制区域农业发展问题，依据咸水固—液—气三相转化淡化的基本原理，通过咸水结冰灌溉技术和春季咸水灌溉覆膜降盐等，实现了该地区丰富的地下咸水的利用和盐碱地的改良，基于以上技术，结合该地区气候特点和作物生长发育规律，建立了具有区域特色的重盐碱地耐盐种植技术体系。

通过冬季咸水结冰灌溉和春季咸水灌溉覆膜降盐等技术，利用高矿化度咸水冬季直接灌溉，创造春季耕层土壤低盐环境，为作物生长创造了土壤条件。在以上技术基础上，筛选了棉花、油葵、甜菜、甜高粱等经济作物，并开展了以上作物的耐盐种植技术，建立了重盐碱地耐盐经济种植技术模式。

冬季咸水结冰灌溉下棉花种植：出苗率均在 70% 以上，籽棉产量在 200 kg/亩以上，且产投比达到 3.5∶1。

冬季咸水结冰灌溉下油葵种植：且出苗率均在 75% 以上，油葵籽粒产量在 250 kg/亩以上，且产投比达到 3.2∶1。

冬季咸水结冰灌溉下甜菜种植：甜菜鲜重产量达到 4 000 kg/亩以上，且产投比达到 2.9∶1。

冬季咸水结冰灌溉下甜高粱种植：甜高粱鲜重产量达到 2 000 kg/亩以上，且产投比达到 2.5∶1。

春季咸水灌溉覆膜下油葵种植：油葵出苗率 60% 以上，油葵籽粒产量在 150 kg/亩以上，且产投比在 2.1∶1。

2. 技术要点

（1）咸水结冰灌溉下棉花种植

约 4 月底进行棉花种植，选取耐盐品种"盐棉 28"或"农大 108"等棉花品种。种植前先清除地膜，后一次性施入控释肥（N22、P12、K8）（每亩 40 kg），并不再追肥。此后对土地进行机械旋耕，旋耕深度为 15 cm，旋耕后，进行土地平整、压实、播种、喷除草剂、覆盖地膜等作业，播种密度为 4 000 株/亩。待棉花出苗后，及时进行放风、定株和补种，保证棉花穴有苗率。在棉花蕾铃期及时喷洒缩节胺和吡虫啉等进行化学防治，控制棉花旺长和病虫害防治。棉花吐絮期及时进行采收。

（2）咸水结冰灌溉下油葵种植

一年一茬油葵：约 4 月中下旬进行油葵种植，选取耐盐品种"矮大头 667"或"矮大头 678"等油葵杂交品种，种植前先清除地膜，后一次性施用控释肥（N22、P12、K8）每亩 40 kg，并不再追肥。此后对土地进行机械旋耕，旋耕深度为 15 cm，旋耕后，进行土地平整、压实、播种、喷除草剂、覆盖地膜等作业，播种量为 500 g/亩，播种密度为 4 300 株/亩。一年两茬油葵种植：约 3 月中下旬进行油葵种植，选取短生育期（约 90 d）耐盐品种"DW 矮大头 567"油葵杂交品种，种植前准备工作与一年一茬种植相同，控释肥施用量应加大至 60 kg/亩，至 7 月中下旬，油葵成熟后及时收获，并采用膜上播种方式进行第二茬播种，并及时进行放风和定苗，至 10 月中下旬油葵收获。油葵出苗后，及时进行放风、定植和补种。收获时，及时进行采收。

（3）咸水结冰灌溉下甜菜种植

选取耐盐饲用甜菜种子，并在温室进行苗钵育苗，至甜菜三叶器进行育苗移栽。4 月中下旬进行甜菜种植，种植前先清除地膜，后一次性施用控释肥（N22、P12、K8）每亩 40 kg，并不再追肥。此后对土地进行机械旋耕，旋耕深度为 15 cm，旋耕后，进行土地平整、压实、覆盖地膜等作业，采用苗钵膜上移栽的方式进行甜菜种植，种植密度为 5 000 株/亩。至 10 月中下旬甜菜收获。田间观察甜菜成活率，并及时进行移栽，保证穴有苗。收获时，及时进行采收。

（4）咸水结冰灌溉下甜高粱种植

4 月中下旬进行甜高粱种植，种植前先清除地膜，后一次性施用控释肥（N22、P12、K8）每亩 40 kg，并不再追肥。选取耐盐甜高粱品种"国甜 2011"或"国甜 2012"等品种。此后对土地进行机械旋耕，旋耕深度为 15 cm，旋耕后，进行土地平整、压实、播种、喷施除草剂、地膜覆盖等作业，种植密度为 5 000 株/亩。收获时，及时进行采收。

（5）春季咸水灌溉和地膜覆盖后油葵种植

约 4 月中下旬进行油葵种植，选取耐盐品种"矮大头 667"或"矮大头 678"等油葵杂交品种，种植前先清除地膜，后一次性施用控释肥（N22、P12、K8）每亩 40 kg，并不再追肥。此后对土地进行机械旋耕，旋耕深度为 15 cm，旋耕后，进行土地平整、压实、播种、喷除草剂、覆盖地膜等作业，播种量为 500 g/亩，播种密度为 4 300 株/亩。

3. 注意事项

该技术适用于土壤盐碱化较为严重，且地下咸水相对丰富的广大北方滨海重盐碱区。

4. 技术咨询服务机构

中国科学院遗传与发育生物学研究所农业资源研究中心
联系人：郭凯 刘小京 电话：15232102376

第三部分
植物保护技术

"作物保健型" 小麦植保综合技术

1. 技术概述

该项技术方案以河北省农林科学院植物保护所的自研成果"小麦蚜虫综合防控技术"为基础，并吸收借鉴部分国内外相关配套技术，优化组装而成。通过采用高效内吸性杀虫剂种子包衣技术替代了传统的在生长期打药防治麦蚜的方法。减少了打药次数、降低了人工打药劳动力用工成本。通过采用对作物具有"保健"作用的新型杀菌剂以及生物激活剂，不仅能够有效防治多种病害，还能够促进小麦健康生长提高产量。这一概念的提出及实践应用，是对传统植保理念内涵的拓展，期望能对其他作物病虫害综合防治技术起到借鉴作用。

通过 4 年的试验示范及大面积推广，累计在渤海粮仓示范区示范面积超过 20 万亩，辐射带动超过 50 万亩。增加小麦产量约 1 200 万 kg，节省打药用工成本 200 多万元。

2. 技术要点

(1) 播种期主要目标

防虫防病（蚜虫、黑穗病、纹枯病、根腐病等），壮根保苗，做到一播保全苗，保壮苗。提高幼苗对低温，干旱，盐碱等逆境胁迫的抵抗力。

植保方案：每 10 kg 种子用 27%苯醚—咯—噻虫悬浮种衣剂 20~30 mL。或 70%吡虫啉悬浮种衣剂 50 mL+4.8%苯醚—咯菌腈悬浮种衣剂 20 mL，用种子重量的 1.5%~2%加水稀释药剂后与种子拌匀，在阴凉处晾干即可播种或存放。

(2) 冬前主要目标

防治冬前出土的禾本科杂草。

植保方案：雀麦选用 70%氟唑磺隆（彪虎）3~3.5 g/亩，节节麦选用 3%甲基二磺隆（世玛）20~30 mL/亩，看麦娘和野燕麦采用 5%唑啉草酯（爱秀）80~100 mL/亩。

(3) 返青-拔节期主要目标

以杂草防治为主，兼防纹枯病、早期锈病、白粉病。

植保方案：阔叶杂草采用 3%唑草—苯磺隆 5 g/亩，雀麦选用 70%氟唑磺隆（彪虎）3~3.5 g/亩，节节麦选用 3%甲基二磺隆（世玛）20~30 mL/亩，看麦娘和野燕麦采用 5%唑啉草酯（爱秀）80~100 mL/亩。在纹枯病发生严重的地块需要加入杀菌剂 30%苯醚—丙环唑乳油 1 500 倍液与除草剂一起喷施。

(4) 孕穗期主要目标

防治白粉病、锈病、保护叶片、延缓叶片衰老。

植保方案：18.7%嘧菌—丙环唑悬浮剂 40~60 mL/亩+生物激活剂益施帮 30 mL/亩，兑水 30L/亩。

（5）抽穗至灌浆期主要目标

防治吸浆虫、白粉病、锈病，保护叶片，延缓叶片衰老。

抽穗初期植保方案：吸浆虫发生区域，在麦穗抽出90%左右喷施22%噻虫—高氯氟微囊悬浮—悬浮剂10 mL/亩，在无吸浆虫发生区抽穗初期可不用喷药。

灌浆期植保方案：18.7%嘧菌—丙环唑悬浮剂40～60 mL/亩+生物激活剂益施帮30 mL/亩，兑水30 L/亩。

3. 注意事项

①方案中推荐的产品，不同厂家之间的质量差距较大，建议采用大厂家生产的药剂。

②使用该项技术需要在专业技术人员的指导下进行。

③该技术适宜区域为冀鲁豫冬小麦主产区。

4. 技术咨询服务机构

河北省农林科学院植物保护研究所

电话：0312-5915667

"作物保健型"玉米植保综合技术

1. 技术概述

该项技术方案以河北省农科院植保所的自研成果"玉米叶斑病病原菌变异及早期综合防治技术"为基础,采用借鉴部分国内外相关配套技术,优化组装而成。以种子包衣、大喇叭口期及抽雄初期三次关键用药为技术核心,辅以农机具的改进及苗后除草技术。高效安全地解决了河北省玉米主要病虫草害的为害。同时由于采用了对作物具有"保健"作用的新型杀菌剂以及生物激活剂,不仅能够有效防治多种病害,还能够促进玉米健康生长提高产量。这一概念的提出及实践应用,是对传统植保理念内涵的丰富和拓展。

通过 4 年的试验示范及大面积推广,累计在渤海粮仓示范区示范面积超过 10 万亩,辐射带动超过 20 万亩。增加玉米产量约 600 万 kg。

2. 技术要点

(1) 玉米苗期病虫害

主要害虫有蛴螬、金针虫、地老虎、二点委夜蛾、蓟马、蚜虫、飞虱等。主要病害有烂籽、苗枯病、粗缩病等。

①农业措施。在播种机的播种器上加装一个装置,在播种的同时把播种沟上的麦秸、麦糠分到播种沟两边,使播种沟内无麦秸麦糠覆盖。该方法基本上可以解决二点委夜蛾的为害。

②药剂防治。采用 37% 精甲—咯—噻虫嗪种衣剂 300 mL/100 kg 种子;或 3.5% 精甲–咯菌腈 300 mL/100 kg 种子再加 70% 吡虫啉种衣剂 150 g/100 kg 种子。

(2) 苗期除草防虫

①除草。玉米 3~4 叶期采用 24% 硝磺—烟嘧—莠去津 250~300 mL/亩。

②防虫。在二点委夜蛾危害严重的地方,可以在除草剂中加入阿维菌素或者菊酯类杀虫剂一起喷施,但禁止加入有机磷和氨基甲酸酯类杀虫剂,以免出现药害。

(3) 大喇叭口期防虫防病

大喇叭口期是玉米螟、棉铃虫为害时期,同时也是玉米褐斑病,大小斑病,弯孢叶斑病等叶斑类病害的初发期。

①防虫。改过去的颗粒剂灌心为喷雾防治。喷雾防虫可以大大提高打药效率,同时也不会降低药效。采用的药剂为 40% 氯虫—噻虫嗪,使用剂量为 10 g/亩。

②防病。在防虫的同时,加入 45% 戊唑醇 20 mL/亩,或 18% 丙环—嘧菌酯在大喇叭口期一起喷施,每亩 50 mL,能够有效预防玉米中后期发生的多种叶斑类病害,同时

还能对玉米的生长有很好的保健作用，有显著的增产效果。

（4）抽雄初期防虫防病绿叶

抽雄初期是玉米整个生长期最后一个适合打药的窗口期，此时喷药对预防后期玉米雌、雄穗部的玉米螟，棉铃虫以及叶斑类病害都有着非常关键的作用。

①防虫。40%氯虫-噻虫嗪，使用剂量为 10 g/亩再加 2%甲维盐 10 mL。主治玉米螟、棉铃虫、桃蛀螟、红蜘蛛、蚜虫等。

②防病绿叶。18%丙环-嘧菌酯 70 mL/亩+氨基酸叶面肥（益施帮）50 mL/亩与杀虫剂一起喷施，能够预防玉米中后期的叶片多种常见病害，同时还可以延长叶片功能期，使玉米在成熟前都保持青枝绿叶，有利于提高玉米产量。

3. 注意事项

①方案中推荐的产品，不同厂家之间的质量差距较大，建议采用大厂家生产的药剂。

②使用该项技术需要在专业技术人员的指导下进行。

③该项技术的使用需在专业技术人员的指导下进行。在遇到个别年份病虫害大发生的情况下，要根据情况调整用药方案。

④该技术适宜区域为夏玉米主产区。

4. 技术咨询服务机构

河北省农林科学院植物保护研究所

电话：0312-5915667

玉米重大新害虫二点委夜蛾综合治理技术

1. 技术概述

二点委夜蛾繁殖能力强，幼虫食性杂兼腐生，多在有植物遮蔽的地表栖息、钻蛀取食。黄淮海地区小麦秸秆还田、贴茬播种玉米并灌水造墒，为该虫提供了适宜的生存条件，使其1代幼虫成为严重为害夏玉米幼苗的重要农业害虫。由于二点委夜蛾幼虫危害隐蔽、取食速度快，发现玉米苗受害后再采取措施往往难度大且不及时。

针对二点委夜蛾上述危害特点，本技术以破坏其适宜生存环境为主导，降低害虫基数为重点，辅以物理、生物、化学应急防控等多种手段，贯彻预防为主、综合防控的植保方针，形成了二点委夜蛾预、控、治的综合治理技术体系。

该技术防控效果可达86%以上，能够降低70%以上的农药使用量，做好预防措施的地块可不用农药。

2. 技术要点

本套技术是以旋耕灭茬、麦秸和麦茬粉碎、清除玉米播种行麦秸等改进小麦秸秆还田方式的微生态调控预防措施为主导，高效专用性诱剂、杀虫灯和玉米播后成虫及低龄幼虫早期控制为重点，幼虫为害期毒饵、毒土应急防治为补充的预、控、治综合治理技术体系。农户可根据当地实际情况选择其中之一进行应用。

3. 注意事项

①预防为主，优先选用以清除播种行麦秸为目的的农业生态调控措施。
②该技术适宜区域为黄淮海二点委夜蛾发生区。

4. 技术咨询服务机构

河北省农林科学院谷子研究所
联系人：董志平　电话：13932106148

谷子重要病虫害高效简化防控技术

1. 技术概述

我省夏谷生产正逐步向规模化、机械化、简化栽培方向发展。目前严重影响夏谷生产的病虫害主要是白发病、线虫病、谷瘟病、玉米螟、粟芒蝇等。本技术以"预防为主、综合防控"的植保方针为指导，形成了以优选抗（耐）病虫品种为基础，强调种子处理及关键期一喷多防为重点，辅以理化诱杀、天敌释放等生态调控措施，建立清洁生产规范的综合防控策略。

应用本技术谷子白发病、线虫病防效可达80%以上，谷瘟病病级降低2～3级，全程防控可增产20%以上。

2. 技术要点

本技术是在优选适合本地区的抗（耐）重要病虫品种的基础上，进行一拌两喷的全生育期防控。即强调种子处理：预防白发病、线虫病等系统性侵染病害及苗期害虫；封垄期、穗期一喷多防：杀虫剂杀菌剂组合，防控气传流行性病害谷瘟病、锈病及粟芒蝇、玉米螟、棉铃虫、黏虫、蝽蟓等虫害。玉米螟重发区辅以性诱剂、杀虫灯、寄生蜂等进行周年生态防控，降低害虫基数。

3. 注意事项

①合理密植、清除杂草；白发病、线虫病病株应及时拔除并带到田外烧毁或深埋。

②该技术适宜区域为夏谷种植区。

4. 技术咨询服务机构

河北省农林科学院谷子研究所
联系人：董志平　电话：13932106148

植物免疫诱抗剂"阿泰灵"应用技术

1. 技术概述

"阿泰灵"是新型植物免疫诱抗剂蛋白质生物类农药，核心技术是将极细链格孢激活蛋白与氨基寡糖素科学配伍，充分利用两种成分的相互增效作用，通过调节水杨酸含量，综合 HR 与氧爆发，生物大分子与活性诱导，蛋白、糖蛋白、多肽、小分子核糖核酸等不同路径进入植物抗性信号传导系统，激发作物自身免疫诱导抗性，增强作物免疫能力，提升叶绿素含量，提高作物抗病、抗虫、抗旱、抗寒能力。"阿泰灵"还含有丰富的 C、N 等营养物质，可被微生物分解利用并作为作物生长的养分，诱导作物多重反应，调节土壤微生物区系，改善作物品质，刺激作物生长，达到作物增产增收的效果。

玉米使用阿泰灵后，表现病害发生减轻，生长健壮、整齐度提高，叶色加深、秃尖较短，籽粒饱满，增产率一般 10% 左右。

2. 技术要点

（1）拌种

推荐阿泰灵 8～10 g，兑水 50～100 g，拌玉米种 2～2.5 kg，阴干播种，可与其他杀菌杀虫剂混合应用。

（2）喷施

玉米苗期—小喇叭口期是"阿泰灵"最佳施用时期。此期施用，可以有效激发玉米免疫功能，增强玉米综合抗性，调节生长，减轻大小苗现象，提高整齐度。有效控制粗缩病、丝黑穗、瘤黑粉及茎腐病发生，增加玉米有效穗数。提高叶绿素含量，提高结实率、促进籽粒灌浆灌浆速率，达到增穗、增粒增粒重的综合作用。玉米苗期-小喇叭口期是蓟马、二点委夜蛾、棉铃虫等虫害高发期，也是玉米防治害虫的关键期，此期应用"阿泰灵"与杀虫剂进行"一喷综防"可以达到壮苗防病治虫、增粒粒重的综合效果。

大喇叭口期与穗期喷施可以发挥调节植株生长，防治玉米螟、黏虫、蚜虫、玉米褐斑病、锈病、茎基腐病等病虫害。

（3）施用剂量

"阿泰灵"的使用方法是推荐每亩用 30 g（2 袋），兑水 30～45 kg，采取叶面喷雾方式，全生育期喷施 2～3 次。

3. 注意事项

①一般可以与其他杀虫剂混合应用，但应先兑水稀释 1 种药剂后，再配第 2 种药剂，不可将多种药剂的母液直接混合。

②不能与其他强酸强碱类农药混用。不可随意增加用药量。

③防治病毒病时，建议防治飞虱、粉虱、蓟马等传病昆虫，防虫治病，有效切断侵染源。

④"阿泰灵"对中草药三七敏感，不建议对三七使用，其他作物暂未发现。

⑤在喷施过程中不可随意增加用药量，用量过大可能会出现僵苗的现象，但很快就会恢复正常生长。

⑥该技术适宜区域为河北省玉米生产。

4. 技术咨询服务机构

河北省农林科学院粮油作物研究所　中国农业科学院植物保护研究所

联系人：贾秀领　电话：0311-87670620　13582002160

电子邮箱：jiaxiuling2013@163.com

抗蚜酿造高粱轻简化生产技术

1. 技术概述

以自主选育出的抗蚜酿造高粱新品种冀酿1号、冀酿2号为核心，集成与品种配套的轻简化栽培技术，辅助无人机释放赤眼蜂开展生物防治，达到全生育期不用喷施农药防治华北夏播高粱生产中存在的主要害虫蚜虫、玉米螟、桃蛀螟等，符合国家"两减一提高"政策，实现高粱轻简化生产并降低生产成本提升经济效益，同时为河北省正在实施的地下水压采、季节性休耕等项目提供技术支撑。

抗蚜糯高粱杂交种冀酿2号通过配套的轻简化生产技术，不但降低了生产成本，减少了农药使用保护了生态环境，而且增效显著，近3年实现亩产550～740 kg，亩收入1 500～1 800元，除去亩生产成本300～350元，实现亩净收入1 050～1 500元，较种植玉米亩增收300～500元，为农民农村增收提供良好的技术支撑，为通过产业开展扶贫脱贫提供途径。

2. 技术要点

（1）适期播种

麦收后及时播种，一般在6月5—25日。

（2）合理密植

以冀酿1号为代表矮秆、小叶的品种适宜密度范围为8 000～12 000株/亩，行距40 cm等行距或50 cm、20 cm大小行种植，亩播种量0.5 kg。出苗密度在12 000株/亩以内不间苗，密度超过这一范围时间苗，留苗10 000株/亩左右。以冀酿2号为代表的高秆大叶品种，行距50 cm，亩播种0.4 kg左右。

（3）施肥

播种时和种子一起条施30～40 kg/亩高粱专用肥或复合肥。

（4）浇蒙头水

播种后及时浇蒙头水保证种子出苗，如果土壤墒情较好或遇到降雨，可保证出苗可不浇蒙头水。

（5）化学除草

出苗后用梁满仓进行除草，用量和喷施方法参考包装说明。

（6）根据虫情测报，适时释放赤眼蜂

在6月15日开始利用性诱剂测报技术开展玉米螟、桃蛀螟等害虫的虫情测报，在其产卵高峰期前，约在6月20前后，人工或利用无人机在晴天投放松毛虫赤眼蜂和玉米螟赤眼蜂混合的卵卡，防治玉米螟、桃蛀螟、棉铃虫等钻心虫，每亩投放7 500～15 000个赤眼蜂的卵。在7月20日，8月20日前后，根据测报情况再放2次赤眼蜂。

（7）适时收获

一般在开花后 45 d 左右，籽粒变硬，水分降低到 20%以下时用收割机收获。

3. 注意事项

①根据土壤墒情及时播种，注意防治地下害虫。

②收获后及时烘干晾晒，防止籽粒受潮发霉。

③该技术适宜区域为河北、河南、山东等省适宜种植高粱的区域。

4. 技术咨询服务机构

国家高粱改良中心河北分中心　河北省农林科学院谷子研究所

河北省杂粮研究实验室

联系人：吕芃　电话：0311-87670705　13933828103

紫花苜蓿地杂草防除新型实用技术

1. 技术概述

杂草是苜蓿种植过程主要的有害生物之一，对苜蓿产量、草产品质量及草地生产力有着很大影响。黄淮海地区苜蓿田主要杂草有狗尾草、马齿苋、马唐、灰菜、刺菊、播娘蒿、荠菜、独行菜、反枝苋、打碗花等。杂草主要以第二茬、第三茬苜蓿为害严重，其中第二茬苜蓿以阔叶杂草为主，第三茬苜蓿以禾本科杂草为主。

本技术在于提供一种安全、高效的杂草综合防除方法，本技术能够经济有效地完成苜蓿地杂草防除，同时提高苜蓿地生产力、改善苜蓿品质，技术效果显著。

苜蓿地合理使用除草剂进行杂草防除，对提高苜蓿草产品质量最为有效，其中苜蓿干草粗蛋白含量平均提高 7.87%～15.37%；其次是增加苜蓿产量，苜蓿干草产量平均提高 1.4%～10.16%。但除草剂使用不当，亦会造成苜蓿植株的伤害，甚至引起减产。在除草剂品种、除草剂使用浓度选择上一定要科学有序。

2. 技术要点

（1）合理选择除草剂品种

在苜蓿生长期间进行杂草防除时应根据杂草情况对两类除草剂进行配施。禾本科杂草可选用精喹禾灵、高效盖草能、拿捕净、精禾草克进行防除；阔叶杂草可选用 2,4-D 丁酯、阔叶枯、克阔乐、苯达松、嗪草酮进行防除；单独使用普施特、苜草净可同时对两类杂草具有较好的防除效果；在防止阔叶杂草时需要同时防治禾本科杂草，以免造成禾本科杂草滋生而减产。使用除草剂对苜蓿产量的影响相对较小，但对苜蓿草粗蛋白含量影响较大。

（2）合理确定除草剂施用浓度

施药后 7 d 进行调查，随着 10.8%高效盖草能施用浓度增加，杂草防除效果整体呈提高趋势，其中对单子叶杂草防除效果在用药浓度达到 500 mL/hm² 时开始下降，对双子叶杂草防除效果随着用药浓度增加一直呈提高趋势，但对苜蓿生长呈现一定负面影响，其中以对株高、叶片影响较大，其次是最终产量。综合来看，10.8%高效盖草能经济高效的使用浓度为 300～400 mL/hm²。因此，不仅要合理使用除草剂品种，也要控制适宜的除草剂使用浓度。

（3）确定优化除草剂组合

设置 6 个组合，即苯达松+高效盖草能、苯达松+精禾草克、苯达松+精喹禾灵、阔叶枯+高效盖草能、阔叶枯+精禾草克、阔叶枯+精喹禾灵。

从施药后 7d 调查结果来看，最佳组合为苯达松+高效盖草能，其次为苯达松+精禾草克、阔叶枯+高效盖草能。

（4）播后土壤封闭处理

苜蓿播后 24～48 h、苜蓿未出苗前进行。一般选用 48% 地乐胺乳油 2 500～3 000 mL/ hm² 兑水 450～600 L/ hm² 或 48% 氟乐灵乳油 2 500～3 000 mL/ hm² 兑水 450～600 L/ hm² 进行地表封闭，防效均在 90% 以上。

（5）新播苜蓿田杂草茎叶处理

新播苜蓿出苗后、杂草较小时（3～5 叶期），可用豆草特、苜草净等进行防治，每公顷用量 1 500 mL 兑水 450 L 喷雾处理，既可杀死禾本科杂草又可防治阔叶杂草。

（6）苜蓿成田杂草茎叶处理

若只有单子叶杂草，可在禾草 3～5 叶期喷药，选用的除草剂有拿捕净、精稳杀得、精禾草克、精喹禾灵、豆草特、苜草净、盖草能等；若只有双子叶杂草，可在一年生阔叶杂草 2～4 叶期、多年生阔叶杂草 8 叶期前喷药，选用的除草剂有 2,4-D 丁酯、阔叶枯、克阔乐、豆草特、苜草净等；若同时防治单子叶和双子叶杂草，最好选用豆草特、苜草净、普施特等。

（7）苜蓿田中耕灭草

二年以上苜蓿地在第一茬、第二茬、第三茬刈割后可用拖拉机带动中耕机械设备，进行纵向中耕耙地除草，小面积地块可以采取人工中耕；达到松土、保墒的目的。

3. 注意事项

①中耕灭草适于二年以上的苜蓿地在第一茬、第二茬、第三茬刈割后进行，大面积苜蓿地宜采用专用中耕机械。

②施药时间应选择在下午 5 点以后或上午 9 点前最好；如遇高温干旱、墒情较差时，应加大喷雾量。

③苜蓿种植过程杂草防除最好是播后地表封闭处理与苜蓿生长期杂草茎叶处理结合进行，尤其是春播苜蓿地。

④苜蓿成田杂草茎叶处理宜在苜蓿刈割后、苜蓿冬季休眠期至早春苜蓿萌动前进行。

⑤该技术适宜区域为黄淮海平原地区，同时可供西北、东北、西南、华北、华南等苜蓿产区参考应用。

4. 技术咨询服务机构

河北省农林科学院农业资源环境研究所

联系人：刘忠宽　刘振宇　电话：13780218715　13780219140

第四部分

农机农艺结合与农业机械配套技术

谷子农机农艺结合生产新型实用技术

1. 技术概述

应用适合谷子生理特性和农艺要求的作业机械，提高生产效率，减轻劳动强度；选用适合机械作业的品种和栽培模式，实现农机作业的可行性和高效性。通过农机农艺配合，实现谷子的轻简化生产目标。本成果针对谷子生产依靠人力畜力、机械化程度低、农机农艺不配套的问题，研究了谷子农机农艺结合生产技术，集成了适合丘陵区和平原区农机农艺结合生产技术模式，包括农机选型、适合机械作业的品种筛选及栽培模式等配套农艺研究。该技术提高了生产效率；减轻了劳动强度；节约了劳动力成本，实现了谷子的轻简化生产目标，预期推广前景广阔。与企业合作研发了播种覆膜施肥一体机2台，发表论文5篇，制定河北省地方标准1项，鉴定成果1项，整体研究达国内领先水平。

2013—2017年河北省农林科学院谷子研究所、农机研究所与藁城马庄杂粮专业合作社合作，建立冀谷系列品种核心示范田累计1800亩。该基地采用简化栽培谷子品种，通过播种机、联合收割机、化学除草间苗，达到了全程轻简化生产，示范田平均亩产364.5 kg，较常规管理的谷田亩增产34.5 kg，全程轻简化生产较常规管理节约用工5.9个，按平均日工资60元计算，可节约用工费354元。按照每亩谷子机械播种、机械收获费用80元，按每千克谷子5.6元计算，简化栽培谷子品种全程轻简化生产每亩节本增效平均467.2元，节本增效效果明显。

2. 技术要点

（1）播前准备

①整地。农艺要求：春播在前茬收获后及时翻耕，深度20～25 cm，镇压；播前结合旋耕施底肥，深度10～15 cm，镇压，要求施肥均匀，耕层上实下塇，土壤细碎，地表平整。底肥符合NY/T 496—2010规定，按照DB 13/T 1134—2009、DB 13/T 1059—2009执行。夏播麦茬地免耕播种。

农机规范：旋耕施肥机作业质量按NY/T 499—2002标准执行。夏播谷田使用联合收获机收获小麦，麦秸经过粉碎后均匀地抛撒在地表，残留麦茬用秸秆还田机粉碎。

②品种选择。选择适合机械化生产的谷子品种，优先采用抗除草剂品种。

（2）播种

农艺要求：播种深度3～5 cm，播后随即镇压，行距45～50 cm，播种量根据品种说明调节。

农机规范：平原区采用与拖拉机配套的多行谷子精量播种机，其中麦茬地使用具有单体仿形功能的免耕播种机，播深均匀一致；丘陵山区小地块采用人畜力牵引的播种机。要求播种机可调播量范围 0.2～1.0 kg/亩。

（3）田间管理

①间苗、除草。常规品种通过机械精量播种实现免间苗或少间苗，除草按照 DB 13/T 1730—2013 执行；抗除草剂常规品种间苗除草按照 DB 13/T 1134—2009 执行，抗除草剂杂交种间苗除草按照杂交种标准执行。

②中耕追肥。农艺要求：已采取化学除草措施的地块在苗高 35～45 cm 时进行中耕施肥，亩追施尿素 15～20 kg。未采取化学除草措施的地块在苗高 15～25 cm 时中耕除草一次，在苗高 35～45 cm 时中耕施肥一次。

农机规范：采用与 20～35 kW 四轮拖拉机配套的谷子中耕施肥机，完成行间松土、除草、施肥、培土等工序。丘陵山区小地块采用微耕机或人畜力牵引机具进行作业。中耕后要求土块细碎，沟垄整齐，肥料裸露率≤5%，行间杂草除净率≥95%，伤苗率≤5%，中耕除草施肥深度 3～5 cm。

（4）病虫害防治

农艺要求：病虫害防治按 DB 13/T 840—2007 执行。

农机规范：平原区、具备作业条件的丘陵山区可采用中小型拖拉机配套的悬挂喷杆式喷雾机，也可采用人力背负式喷雾器进行作业。喷药机械作业质量符合 GB/T 17997—2008 要求。

（5）收获

农艺要求：在蜡熟末期收获。

农机规范：小地块采用分段收获方式，即割晒机割倒后晾晒 3 d 左右后采用脱粒机脱粒；大地块采用谷物联合收获机收获。割晒：按照谷子割晒机使用说明书的规定进行操作。作业要求：割茬高度≤100 mm；总损失率≤3%；铺放质量 90°±20°。脱粒：按照谷子脱粒机使用说明书进行操作。脱粒机符合 DB 13/T 1694—2012 性能指标。联合收获：优先选用切流式谷物联合收获机，更换谷子收获专用分禾器，调整脱粒滚筒与分离筛间隙，调整风机风量，并按照联合收获机使用说明书的规定进行操作。

3. 技术咨询服务机构

河北省农林科学院谷子研究所

联系人：李顺国　夏雪岩　电话：0311-87670691　0311-87672505

一年两熟区小麦玉米规模化种植全程机械化技术

小麦玉米两熟制粮食生产全程机械化技术模式，覆盖"耕、种、管、收、储"全过程。其中包括秸秆处理、整地、施肥、播种、植保、灌溉、收获、存储等环节。

1. 技术概述

该套技术针对黄淮海地区、小麦玉米一年两熟规模化生产而设计制定的全程机械化技术。通过农机农艺相融合，创新建立了包括田间管理在内的全套技术操作规程，并根据农艺要求配置了多套适用设备。力争做到大田小麦、玉米生产作业真正意义上的全程机械化。达到节水、节肥、省工、省力、高产稳产的效果，实现增效节支的目的。其技术特点如下。

①该技术适合小麦、玉米两季平地种植。

②玉米种植行距为 60 cm，小麦为 15 cm。

③玉米播种为免耕播种，小麦为整地后播种；所有秸秆粉碎还田或回收。

④建有田间作业道。

⑤有成套专有设备作为技术支持。包括激光平地机、高地隙管理平台、节水淋灌设备以及玉米果穗风干仓等。

2. 使用条件

为适应机械化作业，田间道路、水利、电力设施需要进行整治。

田间主干道宽 5 m，机耕道宽 4 m。机耕道路面与田间土地高度相差不得高于30 cm；机耕道两侧有影响农机进出田间的树木、沟渠等障碍时，需进行整治。从田间连接村庄、公路的道路，路面须压实硬化，可用于行驶人力车、农机、汽车等交通工具。

在田间地块中修建的道路，主要用于农机进出田间用。路面适当压实，但不宜做成水泥路面。

根据灌溉农艺要求，设计合适的水利和电力设施。地下管道公称压力不小于1 MPa。

对农田进行平整治理。在农田中间不得有树木、坟头、电线杆等影响农机具作业的障碍物。

3. 机械化作业工艺流程

（1）冬小麦机械化作业播前准备

①品种选择。选择适宜当地种植、通过审定的优良品种。种子质量应符合GB 4404.1—2008 4.2.2 规定的要求。

②播种机准备。播种作业前，应按照使用说明书要求对农机具进行全面检查、调整和保养。按农艺要求调整好种植行距、开沟深度、播种量，带施肥功能的播种机还应调节施肥量。

③前茬作物秸秆处理。采用玉米秸秆粉碎还田机作业。秸秆粉碎质量应符合 NY/T 500 规定的要求。

④施底肥。整地前，采用撒肥机进行底肥撒施。推荐施肥量：N 8 kg/亩，P_2O_5 10 kg/亩，K_2O 7 kg/亩。

⑤整地。根据土壤条件和地表秸秆覆盖状况，选择适宜的机械整地方式。可采用深翻作业或附带深松功能的旋耕机整地 1～2 遍，深翻、深松作业深度 25 cm，旋耕深度 15 cm。

（2）小麦播种

①播期与播量。根据当地的气温、土壤墒情及小麦品种特性适时适量播种。播期播种期以 10 月 5—15 日为宜，播种量随播种时间的推迟适量增加。

②种植方式。在标准作业幅度 40 m 内采用等行距播种，行距 15 cm，播深 3～5 cm。小麦种植时，在作业幅度中心线两侧距离 0.9 m 处，各留出一个 0.45 m 宽的农机作业通道，便于田间管理机械行走作业。播后及时镇压。

③作业性能指标及评定要求。作业质量要求及评定应符合 NY/T 739 规定。

（3）小麦田间管理

①灌溉与追肥。根据农艺要求合理灌溉、追肥。要求使用作业幅宽为 40 m 的喷灌机或桁架式淋灌机，根据作物需求确定适合的灌水时间和灌水量。灌溉系统中可安装文丘里施肥器或施肥泵等装置进行水肥一体化作业。水肥一体化作业时，前 5～10 min 用清水灌溉，待水压平稳后再加入水溶性肥料进行灌溉，最后 10 min 用清水灌溉以便清洁设备管道。灌溉水利用系数应符合 SL207 规定的要求。

②病虫草害防治。根据病虫草害发生情况，合理选用农药，做好作业前的准备工作，先进行设备预热、低速运转，然后再正常运行；作业人员必须穿戴好劳动保护服装。采用作业幅宽为 20 m 的高地隙自走式植保机械进行防治，操作规程严格按照植保机械使用说明书执行；使用后要及时清洗水泵、容器。喷洒质量应符合 GB/T 17997 规定的要求。

（4）小麦机械收获

①机具选择及作业要求。选用带有秸秆切碎抛洒功能的小麦联合收获机进行机械收获作业。

②作业质量。小麦机械收获作业质量应符合 NY/T 995 规定的要求。留茬高度 10～20 cm。

（5）夏玉米播前准备

①品种选择。选择适宜当地种植、通过审定的高产、耐密、抗倒优良品种。种子质量应符合 GB 4404.1—2008 4.2.2 规定的要求。

②播种机准备。所选播种机的作业行距应与所选用收获机具的参数相匹配。根据种子形状及大小选择合适的排种器，建议使用单体仿形带有联动轴的单粒精量播种机播

种。播种作业前，应按照使用说明书要求对机具进行全面检查、调整和保养。按农艺要求调整好种植行距、株距、开沟深度、施肥量。

（6）**玉米机械化播种**

①播种时间。小麦收获后抢时早播，播种期 6 月 8—18 日；种植密度根据玉米品种特性及农艺要求确定。

②种植方式。在标准作业幅度 40 m 内采用等行距平作、免耕精量播种种植方式。在作业幅度中心线两侧距离 0.9 m 处，各留出一个 0.5 m 宽的农机作业通道，两通道中间可种植大豆等矮秆作物。

采用勺轮式排种器的播种机，作业速度 4～5 km/h，播深 3 cm。种植行距（60±5）cm。播种时采用种肥同播，种肥采用总养分含量 40% 以上（25-5-10）或相近配方的复合肥 20～25 kg/亩。保证肥料与种子之间间距 5 cm 以上。

③作业性能指标及评定要求。免耕种植方式的作业质量要求及评定应符合 NY/T 1628 的规定。

（7）**田间管理**

①播后灌溉。玉米播种后，土壤墒情不足时，采用作业幅宽为 40 m 的桁架式灌溉机及时灌溉 1 次，水量 20 m³/亩。灌溉水利用系数应符合 SL207 规定的要求。

②追肥。大喇叭口期进行追肥。追肥作业可选择机械追肥或水肥一体化作业。

机械追肥：中耕追肥应采用高地隙自走式动力平台悬挂玉米追肥机械进行对行作业，追施氮肥 15 kg/亩。一次完成开沟、施肥、覆土、镇压等工序。

水肥一体化追肥：水肥一体化追肥，灌溉量根据降雨情况而定，一般 10～30 m³/亩，追施氮肥 15 kg/亩。前 5～10 min 用清水灌溉，待水压平稳后再加入水溶性肥料进行灌溉，最后 10 min 用清水灌溉以便清洁设备管道。

（8）**病虫草害防治**

根据病虫草害发生情况，合理选用农药，按照机械化植保技术操作规程，采用作业幅宽为 20 m 的高地隙自走式植保机械进行防治，操作规程严格按照植保机械使用说明书执行。喷洒质量应符合 GB/T 17997 规定的要求。

（9）**机械收获**

①机具选择及作业要求。要求选用收获机具的作业行数、行距应与播种机的作业行数、行距相匹配。选用带玉米剥皮功能、秸秆粉碎装置、苞叶粉碎装置的联合收获机。

②作业质量。玉米机械收获作业质量应符合 NY/T 1355 规定的要求。

小麦、玉米全程机械化机具配置方案

小麦、玉米全程机械化机具配置方案

类别	机械名称	规格型号	用途	适用种植规模（亩）		
				100	300	1 000
动力	拖拉机	800	旋耕、播种、秸秆切碎、植保	√		√
	拖拉机	1204	深松、旋耕、播种、秸秆切碎		√	
	拖拉机	1604	深松、旋耕、联合整地作业等			√
	拖拉机	20~30	运输、辅助作业	√	√	√
耕整	激光平地机		土地整治		租用	租用
	液压翻转犁	1LYF-535	整地作业		√	
	液压翻转犁	1LYF-735	整地作业			√
	联合整地机	1LD-5.4	整地作业			√
	联合整地机	1LD-3.4	整地作业		√	
	深松机	1S-300	整地作业		√	√
播种	小麦播种机	2BFY-24	小麦等谷物播种	√	√	
	小麦播种机	2BFY-36	小麦等谷物播种			√
	玉米播种机	2BQ-4	玉米等播种	√		
	免耕播种机	2BQM-6	玉米等播种		√	√
茎秆处理	秸秆粉碎还田机	1JH-220	作物秸秆粉碎还田	√	√	
	秸秆粉碎还田机	1JH-440	秸秆粉碎还田			√
收获	谷物收获机	4LZ-3	小麦收获	√	√	
	谷物收获机	4LZ-5/8	小麦收获			√
	秸秆打捆机		茎秆打捆		√	√
	青饲收获机	9QS-3/6	饲料收储		√	√
	玉米收获机	3~6行	玉米收获	√	√	√

（续表）

类别	机械名称	规格型号	用途	适用种植规模（亩）		
				100	300	1 000
储藏烘干	粮食烘干设备		籽粒干燥	√	√	√
	玉米风干仓	高 4～6 m	玉米果穗干燥存储	√	√	√
田间管理（植保灌溉追肥等）	高地隙动力平台	80 马力	田间管理			√
	高地隙动力平台	35 马力	田间管理		√	
	自走式植保机	10 m	打药、喷叶面肥	√		
	自走式植保机	20 m	打药、喷叶面肥		√	√
	桁架式淋灌机	40 m	浇水、施肥、	√		
	桁架式淋灌机	80～300 m	浇水、施肥、打药		√	√

适合机械化作业的标准农田建设方案

省工省力、节本增效是现代农业的发展方向，农业机械化是实现农业规模化种植的前提。为进一步提高农业机械作业效率，建设适合农机作业的标准化农田意义重大。

1. 建设目标

解除制约农业高效生产的关键障碍因素，提高抵御自然灾害能力，增强粮食综合生产能力，大幅度降低农业生产成本，达到旱涝保收、优质高产高效的目标。使农业生产取得较高的经济、社会和生态效益，实现农业增效、农民增收，为发展现代农业和建设社会主义新农村奠定坚实的基础。

机械化标准农田达到：地块适中，平整肥沃、无障碍物；电力、水利设施配套合理；田间道路畅通、林网建设适宜；适合中大型农业机械高速作业。

2. 建设内容

（1）田间道路

①田间道路分主干道、耕作道路两级，布局要合理，顺直通畅。

②主干道道宽 5 m，与乡、村公路连接，部分主干路段可实现硬质化，路面采用沥青、混凝土或砂石等材料硬化，保证晴雨天畅通，能满足农产品运输和中型以上农业机械的通行。

③耕作道路宽 4 m，路基与田间地面高度相差不得高于 30 cm；在农机作业需进出的一侧路边（地头方向）不得栽种树木；路边不得有沟渠影响农机进出田间。

（2）灌溉设施

①根据灌溉农艺要求，设计合适的水利设施。建议在耕作道路路边埋设地下高压输水管道，每隔一定距离留出一个可密封的出水口。管路压力大于 1 MPa。

②灌溉设计保证率应符合如下相关规定。

灌溉设计相关规定

灌水方法	地 区	作物种类	灌溉设计保证率（%）
地面灌溉	干旱地区	以旱作为主	50～75
	半干旱、地区	以旱作为主	70～80
	湿润地区	以旱作为主	75～85
喷灌、微灌	各类地区	各类作物	85～95

注：作物经济价值较高的地区，宜选用表中较大值；作物经济价值不高的地区，可选用表中较小值。

③灌溉水利用系数。井灌区不应低于 0.80；喷灌区、微喷灌区不应低于 0.85。

④输水渠（管道）、涵、闸阀、出水口等等田间灌溉设施配套齐全，渠道衬砌应坚固耐用，抗冻性能好；输水管道长度合理。

⑤建立机井小屋。采用智能化灌溉管理模式，配备必要的远程监控设备，以管理促节水。

（3）电力设施

①根据农艺要求，设计合适的电力设施。田间尽量不要设置低压电线杆。

②建议在耕作道路边埋设地下电缆，间隔一定距离留一个安全接线柱。

（4）田间整治

①土地平整，集中连片。地块要以耕种道路或沟渠形成格田，以适应全程机械化田间管理要求。规模化种植地块建议采用机械化激光平地作业。在耕地中间不得有树木、坟头、电线杆等影响农机具作业的障碍物。

②土壤活土层厚度一般不小于 25～30 cm，耕作层达到 20 cm 以上。

③规划地块适中。地块长度一般要达到 200 m 以上，宽度一般要达到 50 m 以上。

（5）田间林网建设

①标准农田路边、沟渠、河流两侧可因地制宜地进行植树造林。造林时应预留出农机进出田间的作业通道。

②在经常出入农机的地头，禁止植树。

③防护林网控制面积占宜建林网农田面积的比例应达到 85% 以上。

几种全程机械化实用新技术

1. 玉米机械化免耕精量播种技术

（1）技术概述

①技术内容。玉米机械化精量播种技术是指用精量播种机械将玉米种子按农艺所要求的播量、行距、株距、深度等条件精确播入土壤的技术，包括种子处理、精量播种和化学防治等内容。

玉米精量播种机可一次完成开沟、施肥、播种、覆土和镇压等多项作业，可有效降低作业成本，大幅度提高作业效率；可实现标准化种植，利于机械化田间管理和收获作业；播种质量好，出苗整齐；节省种子，减少间苗作业。

②技术特点如下。

种子清选。精量播种前必须对种子进行清选，使种子纯度达到95%以上，净度达到97%以上，发芽率达到98%以上。播种时，要进行药剂拌种（对黑粉病和地下害虫进行药物处理）。

秸秆处理。对上茬小麦秸秆要进行粉碎并均匀抛洒在田间，以免造成玉米播种机的堵塞。

适时播种，合理密植。适时播种是保证出苗整齐度的重要措施。当地温在8～12℃，土壤含水量14%左右时，即可进行播种。合理的种植密度是提高单位面积产量的主要因素之一。各地应按照当地的玉米品种特性，选定合适的播量，保证亩株数符合农艺要求。播种量要精确，精量播种理论上要求每穴1～2粒。精密播种的作业标准是：单粒率≥85%，空穴率<5%，伤种率≤1.5%。播深要一致，播深或覆土深度一般为4～5 cm，误差不大于1 cm。行距应与玉米联合收割机相关性能参数相适应。株距要一致，株距合格率≥80%。苗带直线性好，种子左右偏差不大于4 cm，以便于田间管理等后续作业。

化学除草。播种后出苗前喷施化学药剂，封闭除草。

作业机具。按播前根据土壤处理方式和地表状况，玉米精量播种机可分为传统播种和免耕直播。在耕作后土壤上播种，采用传统的精量播种机即可。免耕播种则须选用专用免耕播种机械，其开沟施肥机构应具有防堵功能。

（2）玉米精量播种机的分类

现在市场上生产的玉米精量播种机主要分为四类，分别是勺轮式精量播种机、指夹式精量播种机、气吸式精量播种机、气吹式精量播种机。目前，农民广泛使用的是勺轮式精量播种机，能够占到市场份额的80%～90%。而现在国外比较流行的是气力式播种机，即气吸式精量播种机和气吹式精量播种机，其优势更加明显，这也是我国未来精量播种机的发展趋势。

①勺轮式精量播种机。在常用精量播种机中,此类机型推广量最大、用户评价较好。勺轮式精密排种器主要由壳体、投种轮、分种勺盘等组成。该机型结构简单、伤种率低、通用性好。

②指夹式精量播种机。指夹式精量播种机是一种播种精度较高的机械式精量播种机,主要由指夹器、颠簸器、排送带、外壳等组成。该机型播种精度较高,高速条件下作业性能也较好,但结构复杂,通用性差。

③气吸式精量播种机。气吸式精量播种机为我国推广量最大的一类气力式精量播种机械,生产厂家较多。气吸式排种器与机械式排种器相比,对种子的形状、大小要求没有那么严格,种子破碎率也很低,播种单粒率较高,并且可以适应高速作业。此机器在实际工作中对真空度要求较高,农机手普遍反映工作时风机转动造成的噪音太大,且一旦出现播种速度高、风压波动不稳定等现象,种子就不能吸到排种盘上,从而造成漏播。

④气吹式精量播种机。气吹式精量播种机在播种不分级和形状大小变异较大的种子方面有优势明显。当充填了种子的型孔转至清种区时,气嘴喷出的高速气流会将多余的种子吹走,然后随排种盘旋转到护种区,最后种子在重力和推种片的作用下掉落实现单粒排种。其气流清种和压差存种的工作原理决定了气吹式精密排种器对种子的外形尺寸要求不严格,不会对种子造成机械损伤及单粒率高的特点。

(3) 新型机具介绍

①玉米免耕深松全层施肥精播机。

玉米免耕深松全层施肥精播机是一种集深松、全层施肥、开沟、播种、覆土、镇压为一体的新型播种机,施肥深度 25～28 cm,标准行距 60 cm。该机具用途范围较大,适合平作地区,与 90～130 马力两轮驱动拖拉机配套使用,若与四轮驱动拖拉机配套使用效果更佳。

机具的使用与调整如下。

使用前必须在各润滑点涂抹润滑油,检查并拧紧螺栓,各传动部件必须转动灵活且无异声。

机具挂接前,将播种单体调整到所需的行距;调节排肥手轮到所需的排肥量。

当机具与拖拉机挂接后,在作业前应将机具左右调平。在左右水平调整时,将机具降低,使开沟铲铲尖接近地面,观察机具的开沟铲铲尖距地面的高度是否一致。可通过调整拖拉机的下悬挂杆,使机具的开沟铲铲尖距地高度一致。

起步时,将机具提升离地 5～10 cm,然后挂上工作挡位,缓慢放松离合器踏板,同时操作拖拉机液压升降调节手柄,使机具逐步入土,随之加大油门直至地轮着地;向前行驶 1～2 m 后停车,测量施肥开沟器所开沟的深度是否达到要求。可调整拖拉机的上拉杆,上拉杆缩短,开沟变深,反之变小。按起步时的调整方法重新调整,直至达到所需深度。

②麦茬地玉米清垄施肥免耕精量播种机。

麦茬地玉米清垄施肥免耕精量播种机,是一种新型复合式农业机械。该机由河北省农林科学院粮油作物研究所、河北农大设计,河北中友机电公司制造。已获国家专利

201410798232.6。该机一次入地可以完成麦茬地小麦秸秆条带粉碎、施肥、玉米免耕精量播种、智能漏播监控、除草剂对行喷洒、播后镇压等多项作业。主要技术指标如下。

行距：600 mm。

粒距（玉米）（穴距）：13～33 cm。

种肥间距：侧下方 5～8 cm。

工作行数：4 行。

工作幅宽：2 400 cm。

排种器型式：指夹式。

排种器数量：4 个。

喷药方式（扇形宽度）：150～300 mm。

配套动力范围：50～80 kW。

生产效率：0.50～1.00 hm²/h。

输种管型式：波纹管。

- 技术原理

作业时，首先利用机组前面的秸秆条带粉碎机构对玉米预播地表上的小麦秸秆及麦茬进行条带粉碎，并把粉碎的秸秆抛洒至玉米播种带的两侧，形成 15 cm 左右宽度的白地，随后由施肥铲在玉米播带一侧深松施肥并回土碎土压平，肥料施于沟内深 10 cm 的区域内；随后在地轮的驱动下，用四连杆单体仿形播种部件进行免耕精量播种覆土镇压；最后利用配置的除草剂抛洒机构进行对行抛洒作业。与此同时安装在开沟器位置的漏播报警探头可以检测漏播现象并具有报警功能。播种开沟器与施肥铲和横向距离在 7 cm 左右，保证机组避免播种烧苗现象。

- 主要特点

该机为复合型农业机械，具有喷洒除草剂机构、大容量排肥器、指夹式排种器、平行四连杆单体独立同步仿形机构、V 字型对置设置的窄空心橡胶轮覆土镇压器以及智能漏播监测装置。农艺合理、功能多，结构设计新颖、作业效率高，其具有五大特点。一是提高小麦玉米两熟种植区麦茬地玉米播种质量。该机配置了带有秸秆条带粉碎的清垄机构，可以进行苗床清理，防治播种机堵塞。可用于小麦秸秆无规则覆盖或根茬覆盖情况下的玉米免耕播种。提高玉米播种产量，减少漏播。二是深层施肥、施肥效果好。施肥深度达 12 cm。可以一次性把玉米终生所需的肥料全部施入进去，且不会造成烧苗烧根现象。减少后期作业次数，降低环境污染、简单省事。三是具防虫效果。由于播种后形成一条宽 15 cm 的无秸秆苗带，可有效减少了玉米二点委夜蛾的虫害发生。四是节水保墒。由于 3/4 的土地仍被小麦秸秆覆盖，与秸秆还田作业相比，具有防治水分蒸发的作用，有利于玉米的抗旱保苗。五是精量播种不间苗。排种器采用勺轮式、指夹式或气力式等单粒精播技术，株距均匀，苗齐、苗壮，不仅节省种子，而且不用间苗，省工省事儿。

- 配套高产农艺技术要求

秸秆粉碎清垄作业后地面无长秸秆堆积、苗带比较平整；施肥深度要在 12 cm 以上，施肥应在种子侧下方 5 cm 以上，即深松沟内 10 cm 左右，种肥间距最好左右错开

5 cm 左右为宜，肥料可选用缓释或控释肥，施肥量一般在 35～50 kg/亩；播种深度一般在 3～5 cm，单籽率在 80%以上；除草剂喷洒宽度在 30 cm 左右；播种后应尽快浇蒙头水，并按当地农艺要求进行植保、化控等其他田间管理措施。

- 作业准备

种子选择。种子必须选用通过国审或省审、适宜本地种植的优质品种，发芽率 95%以上为宜，纯度、净度达 96%和 99%。最好经过包衣或拌种处理。

肥料选择。化肥必须是缓释肥、控释肥。测土配方施肥效果最佳，玉米专用缓释复合肥较好，普通复合肥效果一般。

配套动力要求。拖拉机功率一般要在 90 马力以上，以四轮驱动型为最好。两轮驱动型，在自身重量不足、附着力不够时，要根据机型、地表状况等具体情况合理增加配重，以保证机组能够正常作业，地轮不打滑、机组不翘头。

作业地块要求。一般农田均可以进行作业，但是在适宜条件下作业阻力小、播种性能好。适宜条件为土壤壤质为沙壤、轻壤、中壤、重壤和轻黏土，土壤含水率在 12%～20%。

- 机具调整

施肥深度的调整：松开固定座上的顶丝，上下移动施肥铲。

亩施肥量的调整：松开排肥轴端的蝶形螺母，转动手轮，逆时针旋转施肥量减少，顺时针旋转施肥量增加。调整完成以后，要将螺母锁紧。

播种行距的调整：一般是松开播种单体总成联接螺栓，左右移动各总成。个别机型播种单体总成与深松铲联接为一体，不需单独调整。

株距调整：拉动变速箱手杆，变换不同挡位。当计算后的株距与变速箱的株距数值不相等时，挂在数值最接近的挡位。

除草剂喷洒量调整：根据农艺要求，调整水泵压力。

- 挂接与试播

挂接时，首先将播种机与拖拉机上下拉杆连接好，然后从后面观察种箱左右是否水平，从上面观察种箱与拖拉机后轮轴是否平行，如不符合要求，按相关技术要求调整。挂机后，在待播地中不带种肥行进 20 m 左右，观察机架是否处于水平。对不合格项，可通过调节上拉杆和左右两个下拉杆来实现。随后进行试播作业，将种子、化肥加入播种机中，在待播地中作业 30 m 左右。检测深松深度、播种深度、行距、株距、首层施肥深度等。对性能不合格项进行调整后要再次试播，直至各项指标一次测试全部达到要求，调节部位全部拧紧锁死后，方可进行正式作业。

- 作业注意事项

在作业起步时，要边向前行进边慢慢降下播种机，防止开沟器蹲土堵塞。行进中速度要均匀、播行要直、邻接行要符合要求。

播种深度与施肥深度要准确。播种深度一般在 3～5 cm，可设定为 4 cm，过深则出苗晚、幼苗弱，过浅则难以控制、易出现露籽现象，影响出苗。施肥深度要确保不小于 10 cm，如果施肥过浅时，种子与化肥横向错开的距离又较小时，就会大大增加烧苗风险。

注意观察，防止堵塞。特别是在雨后土壤湿度较大时，容易出现种、肥堵塞现象，要注意清理。如果发现异常，要及时停车检查、排除故障，并对作业不合格的地方重新作业，进行补种。

每次进入新地块作业后都要进行一次质量检测，特大地块要进行两到三次检测。

注意安全，播种作业中不能倒车和转弯；未停车熄火状态下不能对播种机进行调整；播种机悬挂臂升起时，没有牢靠支撑不能在机具下进行检修。

- 机具保养

在每班作业结束后，要进行下述保养。

清除机器上各部位的泥土、杂草。

检查各连接件的紧固情况，如有松动应及时拧紧。

检查各传动部位是否转动灵活，如有故障应及时调整和排除，如发现磨损严重，应立即更换。

链条和飞轮上应该经常涂抹机油。

- 作业质量检测

施肥深度，是指沟底到未耕地表面的垂直距离。测量时，使用两把钢板直尺，将第一把直尺垂直插至沟底，然后刮去地表浮土，另一把直尺水平放在未耕地上作为标记，那么第一把直尺的数值就是施肥深度。将播种机上每个行的检测值进行平均，平均值即为深松深度。

播种深度。播种深度是指地表面至种子上表面的距离。测量前需要先一层一层慢慢地扒开土壤，露出种子，然后用两把直尺进行测量，一把直尺作为地表面标记，另一把测量播种深度。将深松播种机上每个行的值进行平均，平均值即为播种深度。

株距。株距是指同一播种行中相邻两粒种子之间的距离。测量前同样要先仔细地扒开土壤，露出两粒种子，再进行测量。将深松播种机上每个行的值进行平均，平均值即为株距。

- 试验方法

作业条件：地块平整，地表覆盖较为均匀，土壤含水率适宜种子发芽。种子应符合GB 4404.1中规定的要求，播量符合当地农艺要求。颗粒状化肥含水率不超过12%，小结晶粉末状化肥含水率不超过2%。机手应按使用说明书规定的要求调整和使用玉米免耕播种机。

作业质量要求：种子破损率≤1.5%；播种深度合格率≥75%；施肥深度合格率≥75%；邻接行距合格率≥80%；晾籽率≤1.5%；精播粒距合格率≥95.0%；精播漏播率≤2.0%；精播重播率≤2.0%；地表覆盖变化率≤25.0%；作业后地表状况：地表平整，镇压连续，无因堵塞造成的地表拖堆。无明显堆种、堆肥，无秸秆堆积。

2. 玉米机械化收获技术

（1）自走式玉米联合收获机简介

以中农博远研发生产的自走式玉米联合收获机系列产品为例。

①3行自走式玉米联合收获机。

该机型是中农博远 1999 年与乌克兰合作研发的 3 行自走式玉米联合收获机，顺利通过了国家农业部的推广鉴定，成为我国研发最早的、技术最为先进的自走式机型。该机型经过十几年的市场考验和不断改进，工作性能稳定，质量可靠，更好地适应了我国玉米收获作业的特点，成为政府重点推广的机型。连续人选国家和多省区的政府补贴目录。2010 年产销量达 1 500 多台，居国内各玉米生产厂家首位。为了满足不同区域玉米收获作业的要求，公司研发生产的 3 行玉米收获机有 4YZ-3 和 4YZ-3B 两种型号，4YZ-3 型在收获作业时可一次性完成玉米的摘穗、果穗升运集箱、果穗箱倾翻卸粮、秸秆粉碎收集或还田等联合作业；4YZ-3B 型在 4YZ-3 型作业功能的基础上，又增加了玉米果穗剥皮功能。

- 4YZ-3 型自走式玉米联合收获机主要特点

引进、消化、吸收欧洲（乌克兰）玉米收获机成熟技术，12 年自走式玉米收获机的研发、生产经验，技术成熟，可靠性高，2001 年即获得"国家级新产品"称号，居国内同行业技术领先水平。

采用新型拉茎辊摘穗装置、锻打链轮、优质链条和皮带、国内成熟变速箱、名优液压元器件、名牌耐磨轴承等，铸就整机质量可靠，使用寿命长。

配置大马力名优发动机，双动力输出，输出动力和谐、强劲。

中置式粉碎机，动力传输合理；自磨锐式刀片，秸秆粉碎还田效果好；有直刀、弯刀可供用户选择。

可选配秸秆粉碎回收装置，满足用户对秸秆回收利用的需要，增加秸秆回收效益。还可选装秸秆标准铺条装置，利于秸秆的捡拾收集。

整机结构紧凑合理、动力匹配强劲、质量稳定可靠、工作效果好、作业效率高，是农民朋友收获玉米、发家致富的好帮手。

- 4YZ-3B 型自走式玉米联合收获机主要特点

在秉承 4YZ-3 玉米收获机特点的基础上，增加玉米果穗剥皮装置，可一次性完成玉米的果穗采摘、果穗剥皮、秸秆粉碎还田等作业，是农民朋友"轻松收获金秋"、更省时省工省力收获玉米的理想作业机械。

- 3 行自走式玉米联合收获机系列产品主要技术参数。

收获行数均为 3 行。

割台标准行距均为 600 mm。

作业幅宽均为 2 100 mm。

作业适应行距均为 450～650 mm。

前后轮距均为 1 640 mm。

前后轴距分别为 2 850 mm、2 950 mm。

外形尺寸（长×宽×高，mm）分别为 6 400×2 100×3350、7 600×2 110×3 550。

配套动力型号分别为 LR4M3Z-M96-U2、LR4M3L-M96R-U2、YC4B110Z-T10、YC4A125Z-T20。

额定功率分别为 125 马力、140 马力。

额定转速均为 2 400 r/min。

整机质量分别为 4 850 kg、6 050 kg。

作业效率平均为 5～9 亩/h。

果穗箱容积均为 2.5 m³。

卸粮高度均为 1 900 mm（侧倾翻）。

备注：动力型号可选装、4YZ-3 型可选配秸秆粉碎回收装置、可选配标准秸秆铺条装置。

②4 行自走式玉米联合收获机。

该系列产品现有 4YZ-4、4YZ-4A、4YZ-4B 三个机型。4YZ-4 型是适应大行距（550～700 mm）和较大地块玉米收获作业的较大机型，该机型标准行距有 580 mm 和 650 mm 两种配置。同时，针对较小地块和较小行距玉米种植区收获作业需要，研发生产了"小行距"4 行玉米收获机，即 4YZ-4A 和 4YZ-4B。该两个型号的底盘系统分别与 4YZ-3 和 4YZ-3B 相对应，适应行距为 450～600 mm。

• 4YZ-4 型自走式玉米联合收获机主要特点

新式乌克兰技术割台，拨禾链条呈三角形布置减少断茎，喂入更顺畅。

锻打链轮、优质链条和皮带、国内成熟变速箱名优液压元器件、名牌耐磨轴承等，铸就整机质量可靠，使用寿命长。

加厚型钢制护罩，随车赠送整套倒伏收割护罩倒伏收获效果好。

配套动力采用玉柴（6108ZT）150 大马力发动机，功率储备大、油耗低、可靠性好，在全国具有完善的售后服务网络。

采用五组剥皮机构，转速高达 600 r/min，剥皮效果好，剥皮速度快。

可选配秸秆粉碎回收装置，满足用户对秸秆回收利用需要，增加秸秆回收效益。

中置式粉碎机，动力传输合理；自磨锐式刀片（有直刀、弯刀可供用户选择），秸秆粉碎还田效果好。

整机结构紧凑合理、动力匹配强劲、质量稳定可靠、工作效果好、作业效率高，是农民朋友收获玉米、发家致富的好帮手。

• 4YZ-4A/B 型自走式玉米联合收获机特点

割台小行距设计，适应玉米种植行距在 450～600 mm 地区使用，作业时对行性能好，作业效率高。

配置融入欧洲技术与乌克兰合作专项开发的玉米收获机底盘，多年验证，坚实可靠，故障率低。

经总结多年的作业时间经验现在割台拨禾链已普遍采用调节螺杆张紧方式，实践证明该方式调整方便、可靠性更高。

中置式粉碎机，自磨锐式刀片（有直刀、弯刀可供用户选择），秸秆粉碎还田效果好。

4YZ-4A 型还可选配秸秆粉碎回收装置，满足用户对秸秆回收利用的需要，增加秸秆回收效益。还可选装秸秆标准铺条装置，利于秸秆的捡拾收集。

• 4 行自走式玉米联合收获机系列产品主要技术参数。

各参数依次按 4YZ-4（4580）（剥皮）、4YZ-4（4650）（剥皮）、4YZ-4A、4YZ-4B

（剥皮）型号排列。

收获行数均为 4 行。

割台标准行距分别为 580 mm、650 mm、530 mm、530 mm。

作业幅宽分别为 2 350 mm、2 650 mm、220 mm、2 200 mm。

作业适应行距分别为 550～650 mm、550～700 mm、450～600 mm、450～600 mm。

驱动轮距分别为 1 800～2 100 mm、1 800～2 100 mm、1 640 mm、1 640 mm。

转向轮距分别为 1 800～2 100 mm、1 800～2 100 mm、1 600 mm、1 600 mm。

前后轴距分别为 3 550 mm、3 550 mm、2 850 mm、2 950 mm。

外形尺寸（长×宽×高，mm）分别为 8 310×2 810×3 665、8 310×2 810×3 665、6 400×2 300×3 350、7 500×2 300×3 550。

配套动力型号：YC6108ZT、LR4108ZT52/96、YC4B110Z-T10、LR4M3L-M96R-U2、YC4A125Z-T20、LR4M3L-M96R-U2、YC4A125Z-T20。

额定功率分别为 110/150 kW/马力、110/150 kW/马力、90.5/123 kW/马力、90.5/123 kW/马力。

额定转速分别为 2 200 r/min、2 200 r/min、2 400 r/min、2 400 r/min。

整机质量分别为 7 640 kg、7 640 kg、4 950 kg、6 100 kg。

作业效率分别为 7～12 亩/h、7～12 亩/h、5～9 亩/h、5～9 亩/h。

果穗箱容积分别为 3.7 m³、3.7 m³、2.5 m³、2.5 m³。

卸粮高度分别为（侧倾翻，mm）：2 125、2 125、1 900、1 900。

（2）玉米联合收获机安全操作规范

①驾驶员必须经培训合格方能使用收获机，并按本说明书要求维护、保养、使用、作业，否则不具有使用资格，不能驾驶操作本机作业。

②注意经常检查机上佩带灭火器性能是否良好。及时清理发动机周围，尤其是增压器周围的杂物，严防失火。

③禁止穿肥大或没有扣好的工作服操作机器。

④驾驶员必须看清收割机周围无人靠近时，才能在发出启动信号后启动机器。

⑤驾驶员在启动发动机前必须检查变速杆、主离合器操纵杆是否都在空档或分离位置。

⑥联合收获机田间作业时，发动机油门必须保持额定位置，注意观察仪表和信号装置是否正常，不准其他任何人搭乘和攀缘机器。

⑦只有在收割台安全卡可靠支撑后才能在割台下面工作。未停车不许排除故障。

⑧联合收获机作业中因超负荷堵塞必须同时断开行走离合器和主离合器，必要时立即停止发动机工作。工作部件缠草和出现故障，必须及时停车清理排除。

⑨卸粮时禁止用铁锨等铁器在果穗箱里助推果穗，机器运转状态下禁止进入果穗箱，防止二次切碎等装置伤人。

⑩联合收获机停车时须将割台放落地面，粉碎机升离地面，所有操纵装置回到空档和中间位置，然后才能熄火。坡地停车应用手刹车固定并用三角垫木或石块将四个车轮掩塞牢固。离开驾驶台时应将启动开关钥匙抽掉，并将电源总闸断开。

⑪联合收获机工作过程中，严禁任何人靠近机器旋转部位，严禁在机器运转时对机器进行检修和调整，必须在机器完全停止运转才能进行检修、调整、保养。

⑫拆卸驱动轮时，驱动轮胎内有气压时严禁拆卸内外轮辋固定螺栓，应拆轮胎总成与轮毂固定螺栓。卸下轮胎总成后，如需要再拆内外轮辋固定螺栓，必须先将气放完后再拆，以免轮辋飞出伤人。

（3）玉米联合收获机常见故障的判断与排除

①摘穗台断茎杆突然增多。

原因：摘穗辊间隙太大；行走速度过快。

排除方法：调整拉茎辊间隙；降低行走速度。

②一行或多行喂入不畅，有堆茎杆现象。

原因：摘穗辊上卡有果穗；由于导茎板与导锥间隙过大或杂草太多引起拉茎辊前部导锥缠草严重。

排除方法：取除被卡果穗；取除缠草调整导茎板与导锥之间距离。

③一行或多行喂入不畅并伴有异响。

原因：拨禾链太松。

排除方法：张紧拨禾链。

④升运器堵塞。

原因：喂入量过大；作业时发动机油门不到位；升运链松。

排除方法：降低行走速度；调整油门到额定位；调整链条张紧度。

⑤秸秆粉碎机粉碎质量下降。

原因：粉碎机主轴转速低；动刀片磨损；定刀片磨损。

排除方法：调整发动机转速；更换动刀片；更换定刀片。

⑥秸秆粉碎机抖动严重。

原因：刀片损坏，引起主轴不平衡；主轴不平衡；刀片没有按分组装配；转速太快。

排除方法：成组更换刀片；送厂进行动平衡；成组更换刀片；对称安装；发动机转速是否超转。

3. 保护性耕作技术及配套机具

（1）机械深松技术简介

近30年，河北省全面推广机械旋耕和作物秸秆机械还田技术，耕地长期采用机械还田+旋耕作业模式进行土壤耕作。经过多年的旋耕作业，土壤耕作层深度普遍低于15 cm，一般只有10～12 cm。土壤耕作层与心土层之间形成了一层紧硬的、封闭式的犁底层，厚度可达8～12 cm。它的总孔隙度比心土层减少10%～20%，比耕作层减少20%以上，阻碍了耕作层与心土层之间水、肥、气、热的连通性。同时，作物根系穿透犁底层的能力显著降低，根系分布浅，吸收营养范围减少，抗灾能力弱，易引起倒伏、早衰等，不仅影响作物产量的进一步提高，并且容易导致减产。实施机械深松作业，可以有效打破犁底层，改善土壤水、肥、气、热条件，提高土壤的蓄水保墒和防涝能力，显著促进作物根系生长发育，提高作物的抗倒伏能力，为粮食生产的稳产、高产提供保障，达到增产增收的效果。

机械深松技术是指由拖拉机牵引深松机或带有深松部件的联合整地机具，进行行间或全方位土壤耕作的机械化整地技术。机械深松技术是保护性耕作技术的重要内容，通过深松机械作业，不翻转土层，保持原有土壤层次，局部松动耕层土壤和耕层下面土壤的一种耕作技术。深松深度一般在 25～40 cm，以能打破犁底层为基准。机械深松可以增强土壤渗透能力，促使作物根系下扎，形成水、肥、气、热通道，使土壤深层养分与耕作层实现良性互动。作物根系腐烂后又形成新的孔隙，进一步改善土壤通透性，作物根系逐年发展，对未松动部分的土壤产生作用，增强作物的蓄水保墒、抗旱防涝和抗倒伏能力，实现自然熟化土壤、培肥地力，达到节本、增效的目的，保障粮食生产的稳产、高产，实现粮食生产的可持续发展。

机械深松与铧式犁深耕是有效破除土壤犁底层的两种常用方法。深耕的主要特点是可以非常有效的破除犁底层，改善土壤性能，提高地力，并且可以减少病虫草害。其缺点一是由于土壤翻动大，能量消耗非常高，作业成本高、对拖拉机动力要求高；二是深耕作业后地表有墒沟，不易平整，影响播种作业质量；三是第一年深耕会将犁底层的坚硬生土翻到表层，致使耕层土壤性能反而会短期下降。

①机械深松的主要特点如下。一是可以有效打破犁底层；二是动力消耗相对较小，而且易于实现深松与旋耕或播种的联合作业，提高工作效率，争抢农时；三是不翻动土壤，在不破坏原有耕层的情况下即可改善土壤性能。其缺点主要是由于深松部件结构的不同，会造成破除犁底层的效果不同。在破除犁底层的两种方法中，深松比深耕更适合当前农业生产方式和农机化发展水平，更便于实施。

深松作业方式分为全方位深松、间隔深松、振动深松。全方位深松采用单柱带翼或异型铲等对土壤进行全方位深松。耕深内土壤均匀疏松，但是动力消耗大，动土量大，效率低，作业成本高；间隔深松根据不同作物、不同土壤条件，采用单柱振动式或单柱带翼凿形铲式结构，进行间隔松土，间隔深松可使土壤形成虚实相间的耕层结构，有利于蓄水保墒，动土量小，效率高，消耗动力较小，作业成本低；振动深松，通过深松铲振动增加土壤疏松体量而实现深松。根据土壤结构、配套动力保有状况，采用间隔深松机具作为机械深松技术的主要推广机型。

在小麦、玉米一年两熟地区，机械深松可采用秋季深松或夏季深松。

夏季深松作业：适用于一年两熟地区，主要应用于夏玉米深松分（全）层施肥播种一体化作业，可充分接纳夏秋季雨水、防止土壤表面径流，达到抗旱或排涝效果，促进肥效利用和玉米适度密植，利于根系发育和作物生长，提高玉米单产，实现节本增效。夏季是河北省重点推广的深松作业季节，也是机械深松新技术应用的重要手段。

秋季深松作业：主要适用于冬小麦种植地区，播种前深松、旋耕、整地，以接纳秋、冬两季的雨水和雪水有效抵御春旱。同时，冬小麦播前深松要与播后镇压浇冻水等措施配合使用，以增强抗旱保墒效果。秋季是我省主要的深松作业季节。

②机械深松作业有以下模式。

单深松作业：拖拉机牵引深松机进行作业。作业深度达到 25 cm 以上，拖拉机动力要求在 80 马力以上，机具使用耐磨性好、带翼铲、深松沟小、深松后地表较为平整的深松机具作业。相关机具：如中农博远生产的深松机，石家庄大和生产的深松机等。

深松+整地作业：拖拉机牵引深松整地机进行作业。拖拉机动力要求在 90 马力以上。如中农博远生产的深松机，石家庄大和生产的深松机，河北双天的深松机等。

深松+旋耕作业：拖拉机悬挂深松+旋耕联合作业机具，拖拉机动力要求在 95 马力以上。根据我市不同的土壤类型，在偏黏性壤土及中壤土选择单深松或深松+整地机具。在偏沙性壤土选择深松+整地机具或深松+旋耕机具。在可能的条件下宜选择较大动力的拖拉机来配套。

③机械深松作业技术要点如下。

适宜作业的土壤条件：含水率（12%～20%）适宜的沙壤、轻壤、中壤、重壤和轻黏土；2～4 年未深松；土壤耕层 0～25 cm 的容重，壤土大于 1.5 g/cm³、黏土大于 1.6 g/cm³；秸秆粉碎质量符合 DB 13/T 1045—2009 标准。

不适宜作业的土壤条件：沙土、中重黏土；土壤绝对含水率<12%或>20%；土层厚度 20 cm 以下为沙土、砾石、建筑垃圾等土壤结构；深松工作深度内有树根、建筑垃圾等坚硬杂物。

配套动力：80 马力以上拖拉机，偏黏性土壤区域要适当增加动力，尽量采用单深松模式。

配套机具：深松机、深松+整地机，深松+旋耕机，深松分层施肥播种机等。

作业质量标准：机械深松作业质量标准，执行河北省地方标准 DB 13/T 1478—2011《土壤深松机械作业技术规范》，作业深度不小于 25 cm，深松间隔不大于 70 cm，根据当地的情况，选择合适机型，在可能的条件下优先选择较大的动力（四轮驱动拖拉机更优）。作业中保持匀速直线行驶，深松间隔距离保持一致；作业时应随时检查作业情况，及时清理铲柱间杂物。作业后土壤表面深浅一致，田面平整，没有漏耕。

作业周期：根据河北省土壤结构，3～5 年深松一次。

（2）河北省深松机基本类型介绍

河北省常用的深松机具类型主要有单一深松型、深松旋耕（施肥）型、振动深松型、小麦深松分层施肥播种型和玉米深松分层施肥播种型共六种类型。其中使用较多的有：深松旋耕（施肥）型、单一深松型、玉米深松分层施肥播种型三种类型。另外，在我国东北等地区使用的还有一种全方位深松机，河北省基本没有使用。

深松铲作为深松机的主要工作部件，其形式直接关系到深松作业质量的好坏。

常用的深松铲有三种形式：凿型深松铲，其前端为平头，宽度为 40～60 mm；箭型（鸭掌）深松铲，其前端为尖形，尾部宽度不低于 100 mm；双翼深松铲，两侧带翼铲，尾部宽度为 150～200 mm。箭型深松铲、双翼深松铲型深松效果较好；如果是凿型深松铲，应在深松铲柄上安装翼铲，并使两侧翼铲的有效宽度不小于 150 mm，以确保深松效果。

①深松铲的特点如下。

凿型铲：凿式深松机深松深度大，通过性较好，属于局部深松，适用于小麦高茬秸秆覆盖和玉米秸秆粉碎覆盖地表情况下的深松作业。

箭型与双翼型铲：这两种铲式深松机松土面积大、效果好，并兼有除草功能，但作业阻力大，作业后地表不平整。

②深松机的基本特点如下。

单一作业深松机：单一作业的深松机，结构简单，使用方便，深松效果好，对配套动力要求不高，需增加一遍旋耕作业进行播种，不利争抢农时。适宜经济条件一般，地块较小，大型拖拉机缺乏的地区使用。

振动深松机：振动深松机采用振动式深松铲，具有松土性能好、上实下虚、地表平整，底部"鼠道"便于储水排涝，工作阻力小、动力消耗低、配套动力要求不高等特点，但机具结构较为复杂，维修、保养部位较多。

全方位深松机：全方位深松机深松效果最好，犁底层打破彻底，但动力消耗大，需要大功率拖拉机配套，东北地区应用较多，河北省应用很少。

深松旋耕联合作业机：深松旋耕机可实现一机多用，既可单独深松作业或旋耕整地作业，又可进行深松旋耕联合作业，工作效率高，但需要大型拖拉机配套使用。适宜经济条件较好的地区使用，为主要推广机型。

深松分层施肥免耕精量播种机：该机一是在麦茬地上免耕深松作业，开出 25 cm 以上的深松沟，有效打破犁底层、增加土壤的通透性、改良土壤。二是将复合缓释肥分成多层（2～8 层），施于深松沟内 10 cm 至深松沟底（25 cm）的一个区间内，一次施肥 50～60 kg/亩，后期不需再追肥。三是种子播在深松沟旁边（3～5 cm），与免耕播种相比，种床加深，利于根系下扎，虽为免耕播种却有一定翻耕播种效果。该技术一沟三用（深松沟、分层施肥沟、种床沟），适宜一年两茬平作地区夏季深松播种玉米使用，为河北省重点示范型机具。

③机械深松安全生产要求如下。

在确保机械深松安全生产方面，一是与深松机配套使用的大型拖拉机要按照国家和本省有关规定，使用前其所有人要到当地农机安全监理机构申请注册登记，领取号牌和有关证件，定期进行安全技术检验，保证拖拉机以及配套深松机具安全技术状态良好。二是驾驶操作人员要经过培训并且考核合格后，取得驾驶操作证件。要熟悉掌握深松作业机具操作技能、基本农艺要求和作业质量标准，严格遵守操作规程，实现深松作业安全生产。

4. 农作物秸秆综合利用技术

（1）秸秆粉碎还田机作业质量标准

标准编号：DB 32/T 1171—2007。

范围：本标准规定了玉米秸秆粉碎还田机的作业质量评价指标、检验方法和检验规则。本标准适用于对玉米秸秆粉碎还田机作业质量评价。

主要技术内容如下。

作业条件：作业地块应基本符合还田机的适用范围，地势平坦，坡角不大于 5°；还田机应经调整符合使用说明书和农艺要求，机手应按使用说明书规定和农艺要求进行操作。

作业质量要求：粉碎长度合格率≥90%；留茬平均高度≤50 mm；秸秆抛撒不均匀度性≤30%；作业后地表状况：无明显漏粉碎秸秆。

（2）秸秆方捆打捆机介绍

小方捆打捆机主要适合在农场、草场等地作业，其位于较窄边缘凸起的保护装置中的捡拾弹齿，可以减少对牧草的茎秆及富含蛋白质的叶片损伤，可将其他普通捡拾器无法捡拾的短小作物拾起，减少牧草损失。小方捆打捆机不仅可用于牧草打捆，还可用于玉米秸秆和整秆打捆，是目前国内市场上应用最广泛的打捆机。

大方捆打捆机其打捆量更大，作业效率更高，适合于大地块的农场、草场。每台机器每天作业玉米秸秆可达300~400捆，每捆重量在0.3~0.5 t，牵引功率为180/210马力（无切碎转子/带切碎转子）。大方捆打捆机除用于玉米秸秆打捆外，还可以收获苜蓿等饲料作物，适应性广泛。

打捆机清理时需要注意的事项：打捆机在进行定期检查、调整和润滑前，需要对其进行清理。当打捆机储存于户外潮湿的环境中时该作业更为重要，清理时把对机器部件进行目测作为基本的检查。

清理时注意不要用水清理打捆机，清理过后所剩的残余经水浸泡会变成加速生锈和腐蚀损坏的源头。高压气体能有效地去除打捆机缝隙和角落中的残余；由燃气或电动风机产生的高速、大容量的风力也是一种有效的清理方式。不过，当用高压气体对打捆机进行清理时需要戴防护眼镜，避免对眼睛造成伤害。

（3）方草捆打捆机作业质量标准

标准编号：NY/T 1631—2008。

范围：本标准规定了方草捆打捆机作业质量指标、检测方法和检验规则。本标准适用于方草捆捡拾打捆机作业质量评定。

作业条件：打捆作业的牧草含水率为17%~23%，稻麦秸秆含水率为10%~23%；草捆截面一般为（360~410）mm×（460~560）mm；草捆长度700~1 000 mm。

作业质量要求：牧草总损失率≤4%；牧草成捆率≥97%，稻、麦秸秆成捆率≥95%；禾本科牧草草捆密度≥130 kg/m³，豆科牧草草捆密度≥150 kg/m³，稻、秸秆草捆密度≥100 kg/m³；牧草草捆抗摔率≥95%，稻、麦秸秆草捆抗摔率≥92%；规则草捆率≥95%。

5. 饲料青贮技术及部分配套机具

（1）青饲料收获机械化技术

青饲料收获机又称多种割台青饲收获机，可用于收获各种青饲作物。青饲料收获机可分为牵引式、悬挂式和自走式3种，一般由喂入装置和切碎抛送装置组成机身，机身前面可以挂接不同的附件，用于收获不同品种的青饲作物，常用的附件有全幅切割收割台、对行收割台和捡拾装置3种。全幅切割收割台采用往复式切割器进行全幅切割，适于收获麦类及苜蓿类青饲作物。割幅为1.5~2 m，大型的可达3.3~4.2 m；对行割台采用回转式切割器进行对行收获，适于收获青饲玉米等高秆作物。捡拾装置由弹齿式捡拾器和螺旋输送器组成，用于将割倒铺放在地面的低水分青饲作物拾起，并送入切碎器切成碎段。青饲收获机的使用，可以极大地提高青饲收获作业效率，缩短作业周期，保证青贮饲料的质量。

（2）青贮玉米收获作业质量要求

摘自黑龙江省地方标准《青贮玉米收获作业质量规范》。

标准编号：DB 23/T 951—2005。

范围：本规范规定了青贮玉米收获作业的质量要求。本规范适用于机械收获青贮玉米作业。

质量要求：整株青贮玉米秸秆根部切割面平整，无撕扯现象；割茬高度限定在200 mm 以下；切段长度：6～30 mm；切段长度合格率：90%以上；破节率：95%以上，且90%以上的切段应破成四瓣以上；90%以上切段断面斜角：小于15°；切段间缠结少，切段缠结率小于15%；切割、切碎、抛送过程中损失少，收获总损失率不大于总产量的 2%。

6. 规模化种植节水灌溉新技术——淋灌

节水灌溉的目标是获得农业的最佳经济效益、社会效益和生态效益。传统灌溉方式主要以畦灌为主，生产效率很低，劳动强度大，人工费用较高。河北省农林科学院粮油作物研究所在河北省渤海粮仓、省玉米产业体系等项目的支持下，于馆陶县项目区研制"固定道桁架自走式淋灌设备"，该设施可进行水肥一体化定额灌溉，作业幅宽 80 m，系统压力 0.1～0.3 MPa，操作简单。该设施的使用解决了农业生产规模化后的灌溉难题，为保障农业的可持续发展及河北省地下水压采提供有力的支撑。

淋灌是一种先进的灌溉技术，它具有省水、省工、省地、增产和适应性强等优点，在我国水资源日益紧缺的形势下，推广淋灌是实现水利化，促进农业生产的重要措施之一，因此具有广阔的发展前景。

该技术是在大型平移式、卷盘式灌溉机基础上，模拟自然降水而创新研制的一种新型农业灌溉技术。主要特点是低压供水、作物根部淋洒、横纵向移动、均匀水滴灌溉。

设备主要由主机、桁架、管道（水渠）、智能控制装置、淋灌喷头、施肥施药机构及植保系统等构成。

其工作原理是：在缓慢移动的桁架上安装有淋灌喷头，喷头均匀的将水流喷洒到农作物下的地面上，散成水滴均匀降落。随着桁架不间歇地移动进行均匀的淋洒作业。增加植保装置施肥装置、调整系统压力还可以用于植保、施肥作业。

桁架式淋灌技术具有所需压力小、能耗小、灌溉均匀、抗漂移强、蒸发小、对农作物冲击强度低、可精确定额灌溉、水肥一体、移动方便等优点，作业幅宽可控制在40～500 m。

（1）设备结构形式

①大型平移桁架式节水淋灌技术特点。作业控制幅宽 100～500 m，单台控制面积100～500 亩，田间无沟渠、省地、节水、节肥、省工、使用成本低。

②卷盘式桁架式节水淋灌技术特点。作业控制幅宽 40 m，单台控制面积 100～150亩，桁架采用高地隙结构减少对小麦、玉米的碾压。田间无沟渠、省地、节水、节肥、

省工、机动灵活。

③GFZ-80Q 自走式淋灌施肥植保一体机。作业控制幅宽 80～100 m，采用固定道双翼结构。单台控制面积 300 亩，建有水渠，省地、节水、节肥、省工、机动灵活。

（2）经济效益分析

①增产效益。水肥一体化定额灌溉，实现了作物按需供水供肥，小麦玉米相对畦灌区产量增产约 10%。

②节水效益。根据作物生长需水规律及农田旱情定时定额灌溉，大水滴直接灌溉作物根部，减少水分空气中的蒸发，年亩节水 50 m³。

③节肥效益。水肥一体化使用，有效提高作物肥料利用率。节约化肥施用 15 kg/亩。

④节约劳动力。设备只需 2 人即可完成灌溉、施肥周期，作业效率高，劳动强度低。

⑤节约耕地面积。畦灌方式用地：畦宽 4 m，垄宽 0.4 m；使用灌溉设施方式用地，作业道宽 2 m，灌溉幅宽 80 m，1 000 亩节约用地 75 亩。

• GFZ-80Q 自走式淋灌施肥植保一体机简介

功能简介：GFZ-80Q 自走式淋灌施肥植保一体机，是一种新型农业田间管理设备（国家专利 201420812321.7），包括智能灌溉、追肥和植保功能。该设备主要由自走式动力底盘、桁架、桁架支架、水泵、喷水装置、过滤装置、动力传动装置、施肥系统、打药系统、升降装置、自动导航系统、驾驶室等组成。

该机在水渠旁的固定道路上行走，一次作业幅宽达 80 m。水渠为防渗水渠，水源为地下水或渠水；桁架上安装有淋洒式喷头，水以水滴状态淋洒到农作物植株上或地面，可有效降低水分蒸发；淋灌作业时行走动力为变频电机驱动，行走速度 0～3 km/h。该机配置喷药系统，可用于打药作业。

该机为系列产品，供水方式可分为明渠、卷盘和拖管 3 种方式。

主要技术参数及性能特点如下。

动力：50 kW。

作业幅宽：80 m。

运输行走速度：10 km/h。

作业行走速度：0～3 km/h。

灌溉均匀度：98%。

水泵流量：100 m³/h。

转向方式：机械。

灌溉系统压力：0.3 bar。

作业导航形式：自动。

喷头间距：60 cm。

药箱容积：2 000 L。

施肥量：330 L/h。

打药作业效率：350 亩/h。

该机为一种自走式一体化田间管理机械。采用低压力、桁架式、宽幅灌溉、施肥、植保。作业时水压所需压力小、能耗小、灌溉均匀、对农作物冲击强度低，作业幅宽可控制 40～80 m，易于实现水肥一体化。

①高效节水。灌水均匀，不会造成局部的渗漏损失，灌水量容易控制，可根据作物不同生育期需水规律和土壤含水状况适时灌水，提高水分利用率，比常规灌溉用水可减少 30% 以上。桁架高低可调节，水滴直接从农作物上下落，减少空中滞留空间。桁架可安装吊杆，喷头接近农作物根部灌溉，避免喷灌作业时水滴落在作物茎叶上，最大限度降低水分在空中的蒸发。

②高效节能。整个系统所需压力 0.03 MPa，远小于单喷头卷盘式喷灌机额定压力 0.7 MPa，节能 20% 以上。

③易于实现水肥一体化。灌溉系统安装施肥器，可以在灌水的同时进行施肥，可根据作物需肥规律与土壤养分状况进行精确施肥，肥料溶解后随水施入，有利于作物吸收利用，可以大大减少施肥量，提高肥效。

④提高土地利用率。桁架宽度 80 m，底盘轮距 1.8 m，作业道宽 2.4 m，田间不必预留其他水渠，提高土地利用率。

⑤大幅提高劳动生产力效率。系统可实现自动化作业，配有自动导航机构、智能化控制系统实现无人值守远程监控，大大减少用工、降低劳动强度。

⑥功能转换容易，更换工作系统、调整系统参数，可进行植保打药作业。

⑦效率高、适应性好；可进行多种作物灌溉作业，1 台设备可控制土地面积 100～500 亩，不同地块转移方便。

⑧灌溉系统工作压力低，可充分利用现有农田已有地下管道进行输水作业，减少了重复投资，大大降低了基础建设投入。

此项技术的应用具有省工、省地、节水、节能、增产、增效的效果。适用于小麦、玉米、大豆、蔬菜等大田作物，有利于农业的规模化集约化生产和经营，是大田作物比较适宜的灌溉模式之一，可进行大面积推广。

工作原理：作业时，该机沿水渠旁的固定道路直线行走，由水泵将水渠中的水直接泵起，经管道直送到桁架处，桁架上安装有淋喷头，水被均匀的散成大水滴淋洒到农作物植株上或地面，随着桁架的缓缓移动对作物进行喷洒作业；在淋灌过程中增加施肥装置可进行追施肥作业，实现水肥一体化；通过控制系统由灌溉模式转换到喷药模式，调整作业速度可以实现植保打药作业。一次作业幅宽达 80 m。

7. 高地隙田间管理动力平台技术（高地隙拖拉机）

（1）技术概述

高地隙田间管理动力平台是农业合作社、种粮大户等新型农业经营主体进行小麦玉米规模化种植时不可缺少的一种农业机械。主要用于田间管理作业。可以进行小麦、玉米田间浇地、植保、追肥、去雄、中耕锄草、间作套种播种等作业。该机具有四轮驱动、四轮转向功能，适合于小麦、玉米、棉花、大豆、蔬菜、花卉、烟草等作物田间管理作业的要求。解决了在作物中后期，受茎秆高度影响，农业机械难以进地作业的问题。该机具有转弯半径小，行走灵活方便，通过性好，结构简单、维修维护方便、离地间隙可调的特点。适用于华北地区田间地块较小，道路窄、转弯困难的特点，有利于小麦玉米两熟地区实现作物全程机械化。

在规模化种植模式下，通过农机农艺融合，在田间设置农机工艺通道，减少沟渠占地，节省土地5%～10%；同时可实现玉米的中期追肥，可大幅提高玉米产量。利用该机可大大减少生产用工，实现真正意义的全程机械化。

（2）主要技术参数

①动力：25～60马力。

②行距：1 800～2 400 mm。

③离地间隙：900～1 800 mm。

④最大牵引力：45%。

⑤重量：≤5 000 kg。

⑥作业速度：≤0.2～100 m/min。

⑦转向方式：四轮转向。

⑧驱动方式：四轮驱动。

⑨喷药幅宽：20 m。

⑩淋灌幅宽：40 m。

⑪追肥行数：4～6行。

⑫玉米播种：4～6行。

⑬去雄行数：4～6行。

（3）结构形式

整机由六部分组成：发动机、驾驶系统、底盘、四轮系统、液压传动系统、工作部件。

①发动机动力：采用优质发动机，25～60马力。

②驾驶系统：包括驾驶室、空气净化器、液压转向、多路换向阀等。

③底盘：有主架、副架、围栏等组成。

④四轮转向传动系统：由液压转向机构、液压泵、变速箱、轮胎等组成。

⑤液压传动系统：由液压泵、油箱、分配阀等。

⑥工作部件：有液压提升机构，可配置植保机械、追肥机、灌溉机、去雄机等。

8. 喷药机精准导航变量施药技术——拖拉机直线行驶技术

（1）概述

拖拉机、植保机在导航系统的控制下实现精准导航自动直线行走。可以解决作业过程中发生的重行和作业工作幅宽之间间距过大和过小的问题，提高土地利用率和植保、播种精度。该技术可在植保、播种、整地等机械化作业中使用。

（2）工作原理

通过高精度传感器实时测量车辆的位置、速度、方向、倾斜等信息，并由导航控制器对信息进行实时测算，得出转向参数。并将转向参数转化为电信号发送给电磁阀，并由电磁阀转化为机械信号，控制车辆的转向机转向。

（3）主要技术参数

①机组行走 1 000 m 距离，轨迹中心左右偏差不大于 25 mm。

②配套动力：60 kW 以上带液压输出动力拖拉机。

③喷洒幅宽：16 m。

④喷杆折叠：液压电子控制折叠。

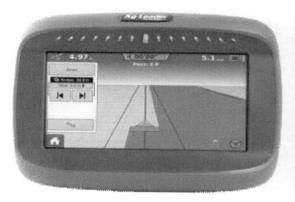

9. 高湿玉米果穗立体存储技术

随着规模化种植模式的推广，种粮大户越来越多，高含水率玉米果穗（含水率>30%）存贮成为一大难题，玉米果穗发生霉变造成损失的事情时有发生。为此，河北省农林科学院粮油作物研究所联合河北中友机电设备有限公司研制出一种新产品——玉米果穗立体风干仓。此产品采用自然风干的方式，节能环保。

该系列产品有圆形仓和方形仓两种，根据用户不同需求进行配置。

其特点如下。

①立体存储占地面积小。风干仓高度 4～6 m，实现了立体存储，一亩空地可安全存放 500 亩地高湿玉米果穗。

②高湿果穗不霉变。风干仓离地存储并设有通风道，可以保持仓内随时通风，果穗存储厚度不超过 1 m，不积水，受雨雪影响小。

③装卸粮方便。采用输送带装卸果穗，方便可靠，用工少。

④增值保值。玉米立体存储可以实现错峰销售，增值保值，提高种粮效益。

⑤该机使用寿命可达 10 年以上，具有一次投入，多年受益的特点，为广大种粮大户增产增收提供了有利的保障。

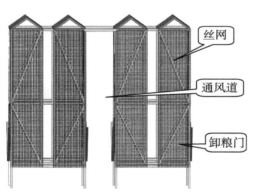

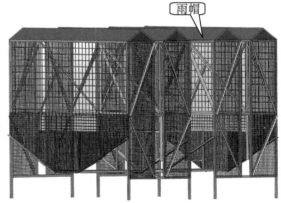

全程机械化与淋灌机械机具介绍

1. 激光平地机

（1）主要技术特点

农业激光平地系统可用于整平土地，以便于灌溉，减少水土流失，增加土地产出率。农业激光土地平整系统主要由激光发射器、激光接收器、控制器和液压工作站组成。其工作原理是：激光发射器发出一定直径的基准圆平面（也可以提供基准坡度），装在刮土铲支撑杆上的接收器将采集到的信号经控制器处理后控制液压执行机构，液压机构按要求控制刮土铲上下动作，即可完成土地平整作业。适用于荒地复耕、老田翻新、新田整平、坡地改梯田、水田整平、旱田整平等领域。

①节水：激光平地机可以使地面平整度达到误差±2 cm，如采用漫灌、畦灌方式灌溉可以节水30%以上。

②节地：用激光技术精确平地，配合相应措施，可以减少田埂占地面积3%～5%，使土地能够得到充分利用。

③节肥增产：由于土地平整度提高，化肥分布均匀，减少化肥流失和脱肥现象，提高化肥利用率20%以上，确保农作物的出苗率。

④实施该技术，在增加产量、效益的同时，可以使农作物（水稻、小麦、大豆、棉花和玉米）的生产成本下降6.3%～15.4%。

（2）主要技术参数

①型号：12PJ-4。

②配套动力：55～65 kW。

③作业幅宽：2 500 mm。

④作业速度：5～15 km/h。

⑤刮土板升降速度：升≥50 mm/s，降≥60 mm/s。

⑥最大入土深度：240 mm。

⑦平整度：±15 mm/100 m^2。

2. 智能控制卷盘式灌溉机

（1）主要技术特点

①卷盘驱动方式由水涡轮驱动改为电机动驱，可以更低的转速控制喷灌机回转速度，浇水量控制由原来 $10\sim50$ m³/亩扩展到 $10\sim100$ m³/亩。

②系统压力降低 0.2 MPa，耗电量减少 20% 以上。

③设置智能控制系统，灌溉量更容易调节，实现精准灌溉。

④增设水肥一体化装置，提高作业效率，有效促进作物对氮肥吸收利用，既保障了作物产量又减低了土壤污染。

⑤单喷枪式喷头更换为桁架式淋灌，优化喷头结构、间距，增长桁架长度。相比传统喷灌机灌溉更均匀，灌溉无盲区，无漂移，水分蒸发少，对农作物打击强度低，所需压力低。

⑥设置钢丝绳牵引器，使用钢丝绳牵引灌溉小车移动，降低燃油消耗。

（2）主要技术参数

①型号：JP75-300。

②均匀系数：大于 85%。

③降水量：$10\sim100$ m³。

④系统压力：0.3 MPa。

⑤作业幅宽：34 m。

⑥行走速度：小于 5 km/h。

⑦驱动方式：电机。

3. 自走式多功能淋灌机

（1）主要技术特点

①采用固定水渠供水，降低管道供水压力损失。

②固定道路作业，增强行走稳定性，使作业幅宽达到 80 m 以上。

③采用淋灌喷头，模拟自然降水，降低水分蒸发，达到节水目的。

④设置水肥一体装置

⑤选配喷药系统，可进行植保作业。

⑥田间不必预留任何畦埂，提高土地利用率。

⑦自带动力系统，方便转移。

（2）主要技术参数

①型号：GFZ-80Q。

②均匀系数：大于 85%。

③降水量：10～100 m³。

④系统压力：0.1～0.2 MPa。

⑤作业幅宽：80 m。

⑥行走速度：小于 5 km/h。

⑦功率：38 kW。

4. 平移式淋灌机

（1）主要技术特点

①采用平移式桁架：灌溉均匀，无灌溉盲区，对农作物冲击小，可进行高秆作物灌溉。

②采用专用淋灌喷头：供水压力低，能耗少，水分蒸发漂移少，节水15%～25%。

③可实现对行灌溉，直接灌溉作物根部，减少水分在植株上的无效蒸发。

④采用卷盘输水管，方便转移不同地块作业。

⑤配置灌水量智能控制系统，精准控制灌水量。

（2）主要技术参数

①型号：JPH-100。

②均匀系数：大于85%。

③降水量：10～100 m³。

④系统压力：0.1～0.2 MPa。

⑤作业幅宽：100 m。

⑥行走速度：小于3 km/h。

5. 高地隙动力平台（植保机）

（1）主要技术特点

①1.2 m 高离地间隙，广泛适合小麦、玉米等高杆作物防治。

②加宽轮距、轴距增强整机稳定性。

③500 L 容量药箱，减少频繁配置药液的烦恼。

（2）主要技术参数

①型号：PZ-500。

②配套动力：23 kW。

③离地间隙：1.2 m。

④系统压力：0.4 MPa。

⑤作业幅宽：12 m。

⑥作业速度：3～5 km/h。

⑦药箱容积：500 L。

6. 秸秆条带清垄玉米免耕精量播种机

(1) 主要技术特点

条带粉碎玉米精量播种机主要用于小麦收获后麦茬田玉米免耕播种作业，可有效清除玉米播种带上的麦茬、秸秆，使播种质量提高，作业效率高，同时对二点委叶蛾的防治有显著作用。

主要由秸秆切碎装置、秸秆分流装置、施肥系统、播种系统、镇压装置、打药系统组成。可在麦茬地一次完成施肥、播种、覆土镇压、喷药等联合作业。作业深度、株距、播种量和施肥量都可以在较大范围内调整，以满足农艺要求。

(2) 主要技术参数

①型号：2BMQ-4。

②配套动力：58～73 kW。

③结构质量：1 120 kg。

④播种量：3 000～6 000 株/亩。

⑤作业速度：3～8 km/h。

⑥行数：4。

7. 玉米果穗风干仓

随着规模化种植模式的推广，种粮大户越来越多，高含水率玉米果穗（含水率>30%）存贮成为一大难题，玉米果穗发生霉变造成损失的事情时有发生。为此，河北省农林科学院粮油作物研究所联合河北中友机电设备有限公司研制出一种新产品—玉米果穗立体风干仓。此产品采用自然风干的方式，节能环保。该系列产品有圆形仓和方形仓两种，根据用户不同需求进行配置。

主要技术特点如下。

①立体存储占地面积小。风干仓高度4～6 m，实现了立体存储，一亩空地可安全存放500亩地高湿玉米果穗。

②高湿果穗不霉变。风干仓离地存储并设有通风道，可以保持仓内随时通风，果穗存储厚度不超过1 m，不积水，受雨雪影响小。

③装卸粮方便。采用输送带装卸果穗，方便可靠，用工少。

④增值保值。玉米立体存储可以实现错峰销售，增值保值，提高种粮效益。

⑤该机使用寿命可达10年以上，具有一次投入，多年受益的特点，为广大种粮大户增产增收提供了有利的保障。

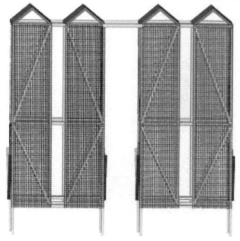

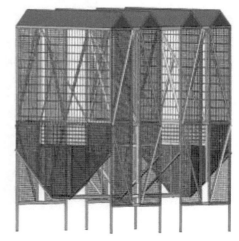

8. 4YZ-4AH 穗茎兼收型自走式玉米联合收获机

（1）主要技术特点
①采用欧洲先进技术，经由 14 年市场考验，技术成熟领先于国内同行业。
②拨禾链条后端角度加大，有效降低秸秆折断率，大大提高果穗清洁率。
③拉茎辊一次拉伸成型，圆弧结构工作棱面大大降低断茎率；末端加装耐磨套，提高其使用寿命。
④割台采用双边传动，动力传输更加稳定，有效降低故障率。
⑤柴油箱移至粮仓下部，提高安全性；驾驶室后部增加储物工具箱，增加便捷性。
⑥加强型转向桥，提高整机的承载能力和通过性。
⑦发动机增加预热装置，适应于低温环境下的作业；增压器处加装防火棉，防止高温着火情况发生。
⑧空气滤清器加装预滤装置，散热器护罩改为免维护封闭式，保证发动机长时间正常工作。
⑨粉碎机变速箱加装超越离合器，大大延长皮带使用寿命。
⑩粉碎机刀片选用激光熔覆技术，融入硬质耐磨合金，使刀片具有自磨锐功能，大幅提高还田效果。

（2）主要技术参数
①技术规格：4YZ-4AH。
②收获行数：4 行。
③割台标准行距：530 mm。
④作业幅宽：2 300 mm。
⑤作业适应行距：450～600 mm。
⑥转向轮距：1 640 mm。
⑦发动机额定功率：92/125 kW/（马力）。
⑧整机质量：5 800 kg。
⑨作业效率：5～12 亩/h。
⑩果穗箱容积：2.5 m³。
⑪卸粮高度：2 000 mm（侧翻）。
⑫外形尺寸（长×宽×高）：7 020 mm×2 400 mm×3 980 mm。

9. 4YZ-4B 自走式玉米联合收获机

（1）主要技术特点

①新型剥皮胶辊配方改进、工艺升级，寿命千亩以上；新型果穗分配，剥净率高；矩形孔振动筛，清选效果好。

②行走机构采用闭式边减，润滑更好，寿命更长，可靠性更高。

③果穗箱卸粮高度提高，卸粮更方便。

④水箱护罩采气面积加大，散热性能好；上进气方式，维护次数少。

⑤还田机主传动皮带改为四联带，动力传递效率高，寿命长。

⑥可选装激光双面融覆高硬度合金锰钢刀片，刀片锋利，节约动力20%，耗油少，正常作业达700亩以上，整机效率高。

⑦可选装组合拉茎辊，割台断茎秆少，穗棒掉粒少，拉茎效率高。

（2）主要技术参数

项 目	单 位	4YZ-4B（小行）	4YZ-4B
收获行数	行	4	4
作业幅宽	mm	2 300	2 700
适应行距	mm	530±50	600±50
发动机额定功率	kW	103/140	103/140
整机质量	kg	6 800	6 820
作业效率	亩/h	5～12	5～12
果穗箱容积	m³	2.5	2.5
卸粮高度	mm	2 000	2 000
外形尺寸（长×宽×高）	mm	8 120×2 350×3 550	8 120×2 750×3 550

10. 4YZ-6（7288）籽粒型玉米联合收获机

（1）主要技术特点

①液压行走驱动，采用捷克液压泵、马达；一体式前桥边减斯太尔重卡变速箱。

②双纵轴流锥形钉齿复合滚筒，转速高低挡加无级变速，更换割台，可实现小麦、大豆等多种作物高效收获。

③风机采用12叶片、4进风口、双箱双风扇。

④加强过桥，网状筛粮。

⑤大马力发动机增加燃油预热冷起装置。

（2）主要技术参数

①技术规格：4YZ-6。

②配套动力：190 kW。

③整机质量：10 500 kg（不含割台）。

④有效割幅：4 100 mm。

⑤工作行数：6/8 行。

⑥喂入量：9 kg/s。

⑦最小离地间隙：480 mm。

⑧外形尺寸：9 300 mm×4 100 mm×4 180 mm（长×宽×高）。

⑨作业前进速度：4～6.5 km/h。

⑩脱粒滚筒形式：锥形复合钉齿式、轴流脱粒滚筒。

⑪脱粒滚筒数量：2 个。

⑫轴流滚筒直径/宽度：500/2 300 mm。

⑬粮箱容积：5.8 m³。

⑭变速箱类型、行走系统：液压马达无级变速。

⑮理论作业速度：4～6.5 km/h。

11. 2BFX 悬挂系列施肥播种机

（1）主要技术特点

该系列播种机适用于麦类、谷子、高粱等作物的条播，并可兼播大豆，播种的同时可以施下化肥。

①本机采用三点悬挂装置与拖拉机挂接，运输方便。

②播种量、施肥量、播种深度、行距均可根据农业技术要求进行调整。

③本机采用外槽轮排种器、排肥器，排种轮、排肥轮、阻塞轮为粉末冶金件，具有耐热、耐寒的优点。

④采用波纹橡胶输种管，下种流畅；采用钢制双轴承开沟器，工作可靠。

⑤采用钢结构焊接开沟器，工作更可靠。

⑥采用手轮调节播种深度，使用方便。

⑦传动部分由橡胶轮、链轮和链条组成，可靠耐用，可适用于高速作业。

（2）主要技术参数

机器型号	2BFX-18	2BFX-24	2BFX-28
配套动力（Hp）	55～80	70～100	80～120
外形尺寸（cm）	175×295×140	180×390×150	180×450×150
机器净重（kg）	750	1 080	1 300
播幅宽度（cm）	270	360	420
播种行数（行）	18	24	28
基本行距（cm）	15	15	15
播种深度（mm）	40～80	40～80	40～80
作业效率（亩/h）	18～24	24～40	28～50

12. 1SS-300Q 深松机

（1）主要技术特点

①一次性完成深松、碎土、残茬混合、平整土壤等多项作业，作业效率 1.2～1.8 hm²/h（18～27 亩/h），配套动力≥90 kW。

②深松深度可达 35 cm 以上，有效打破土壤犁底层，深松作业效果好。深松铲铲柱高，铲间距可调且前后交错排列，减少作业拥堵，作业通过性好。

③深松铲装配采用弹簧和剪切螺栓双保险结构，避免作业过载时损坏深松铲，提高机具适应性。

④可加装深松远程智能监测设备，采用北斗定位系统，实现深松深度实时监测，并且对深松作业合格面积进行准确统计；还可以对深松作业过程中偷换犁刀、破坏犁刀等行为进行拍照监控，确保深松作业的顺利进行。

（2）主要技术参数

①外形尺寸（长×宽×高）：2 685 mm×2 500 mm×1 485 mm。

②结构质量：1 200 kg。

③配套动力：90 kW。

④深松铲结构形式：双翼式。

⑤深松铲数量：5 个。

⑥工作幅宽：300 cm。

⑦铲间距：60 cm。

⑧耕深：25～35 cm。

⑨作业速速：6～8 km/h。

⑩作业小时生产率：1.8～2.4 hm²/h。

⑪碎土形式：双滚笼式。

13. 1BQ-4.5 动力驱动耙

（1）主要技术特点

①主变速箱双档设计，适合不同拖拉机输出转速和不同的地质要求。

②耙齿通过特制的销钉固定，无须工具可快速装拆。

③耙齿经过特殊加硬处理，具备优异碎土和抗磨损性能，寿命大大提高。

④主变速箱与侧边变速箱的连接采用过载保护的万向传动轴，当单边耙齿超负载时，进行保护。

⑤后镇压轮具有超强的地势仿形能力。

⑥耙深调节结构简单，方便调节。

⑦通过调节侧传动变速箱的位置改变耙齿的转向。

⑧机具结构紧凑、采用液压可折叠结构，运输方便。

（2）主要技术参数

①型号：1BQ-4.5。

②外型尺寸：165 cm×465 cm×140 cm。

③结构形式：全悬挂。

④配套动力：>130 kW。

⑤作业幅宽：450 cm。

⑥耙深：5～20 cm。

⑦作业速度：7～10 km/h。

⑧耙后地表平整度：≤3.5 cm。

⑨纯工作小时生产率：>3.0 hm²/h。

⑩耙齿数量：18/36 组/个。

⑪运输尺寸：165 cm×300 cm×330 cm。

⑫运输间隙：≥30 cm。

⑬整机重量：4 000 kg。

14. 1BJB-5 半悬挂圆盘耙

(1) 主要技术特点

①液压折叠之后道路运输的宽度为 3 m，道路通过性好。

②圆盘耙片的直径为 62 cm，厚度为 6 mm，入土能力强。

③通过大的入土角度和强力耙片的结合，圆盘耙能够在工作深度为 7 cm 的时候就能达到全面一致的灭茬效果。

④大圆盘耙片的易损件的使用寿命是普通圆盘耙片的四倍以上。减少维护保养的费用。

⑤在遇到坚硬的异物比如石块的时候耙片能够独自向上移位。螺旋弹簧装置保证在耙片通过异物之后又能够迅速恢复到原位。

⑥耙片之间的距离为 25 cm，因为后排的耙片组和前排的耙片组相错开排列，其错开的距离为 12.5 cm，保证圆盘耙能够无堵塞地作业。

⑦圆盘耙片采用免维护的径向推力球轴承，无须保养，从而大大降低保养维护的费用。

⑧轴承具备理想的防尘防水密封效果，除了外部的密封，内部还装置了 6 倍的过滤密封圈。这种特殊的轴承壳形式可以减少磨损防止缠绕。

⑨配置两排梳理弹齿，保证土壤疏松、平整

⑩半悬挂的挂接方式，减轻对拖拉机的压力，并且保证安全的道路运输。

(2) 主要技术参数

①型号：1BJB-5。

②外型尺寸：800 cm×560 cm×200 cm。

③结构形式：半悬挂。

④配套动力：>154 kW。

⑤作业幅宽：500 cm。

⑥作业速度：10～15 km/h。

⑦耙深：>14 cm。

⑧纯工作小时生产率：>5 hm²/h。

⑨耙片数量：40。

⑩耙片直径：620 mm。

⑪运输尺寸：800 cm×300 cm×330 cm。

⑫运输间隙：≥30 cm。

⑬整机重量：5 390 kg。

15. 2F-30 双圆盘撒肥机

（1）主要技术特点

作业效率高，可达最多 500 kg/min。

调节方便且范围大，排肥装置能瞬间完成工作宽度的调节，可通过刻度盘简单精准的调节流量；以 8 km/h 的速度，36 m 撒肥宽度作业，排肥量可达 1 000 kg/hm²。

抛洒均匀，能在巨大的流量范围内均匀撒肥，且均匀度不受流量变化的影响。

扩容装置和不规则角度的肥箱使得肥料更好的向肥箱底座流动，残留量小，易于清理。

（2）主要技术参数

①机身尺寸（长×宽×高）：240 cm×140 cm×101/132 cm。

②作业幅宽：12～42 m。

③料斗容量：1 200 L。

④机身净重：350 kg。

⑤配套动力：≥58.8 kW。

⑥驱动装置：540 r/min。

⑦最大载肥量：3 000 kg。

16. 1LFT 系列悬挂翻转调幅铧式犁

（1）主要技术特点

①采用双向液压翻转，作业效率高。

②工作幅宽可调，可以适应不同土壤结构及农艺要求。

③安装有弹簧和剪切螺栓组成的过载保护装置，有效保护工作部件在较恶劣的工作

条件下不被损坏，通过性好适应性广。

④犁体曲面采用的是高速犁体曲面，最高工作速度可达到 12 km/h。

⑤入土工作部件采用特殊材料制造，采用了先进的热处理技术和溶腐技术，有效改善入土工作部件耐磨性及工作可靠性。

（2）主要技术参数

型号	1LFT-440	1LFT-540	1LFT-640
犁梁规格（长×宽×高）（cm）	140×140×10	140×140×10	140×140×10
犁铧数	4	5	6
工作幅宽（cm）	132～200	165～250	198～300
整机重量（kg）	1 875	2 210	2 545
配套动力（kW/ps）	100/150	140/190	170/230
犁梁高度（cm）	85	85	85
犁体间距（cm）	100	100	100
自动防过载保护装置类型	弹簧	弹簧	弹簧
产品执行标准	GB/T 14225—2008	GB/T 14225—2008	GB/T 14225—2008

17. 2BMGF-7/14 型免耕覆盖施肥播种机

（1）主要技术特点

①一机三用，作为免耕施肥播种机使用；安装全部旋耕刀作旋播施肥机用；拆下种肥箱和镇压机构作为旋耕机用。

②一次完成碎秆、灭茬、开沟、播种、施肥、覆盖、镇压等多项作业，适合在秸秆还田地块中作业。

③化肥深施，提高化肥利用率，节省化肥。

④沟内使用小行距（10 cm），沟外使用大行距（大于 20 cm）。有利于小麦的通风透光、增强作物抗倒伏能力，提高作物产量。

（2）主要技术参数

项目	小麦	化肥
行距（cm）	窄 10，宽 22	32
行数（行）	14	7
最大播量（kg/hm²）	450	450
耕深（cm）	12～16	12～16
播种深度（cm）	4±1	4±1
配套动力（kW）	51.5～73.5（70～100 马力）	51.5～73.5（70～100 马力）
作业效率（hm²/h）	0.27～0.73（4～11 亩/h）	0.27～0.73（4～11 亩/h）

18. 2BMSQFY-4 玉米免耕深松全层施肥精量播种机

（1）主要技术特点

集深松免耕精密播种化肥深施为一体，可一次性完成开沟、深松、施肥、播种、镇压等工序，分层施肥，底肥可深达 25 cm，中期不用追肥，种肥上下左右各错开 5 cm，不烧苗。

四连杆浮动仿形，确保在平原、丘陵地使用均能均匀播种、深浅一致；多级变速可满足不同地域不同株距的需求。

一次性全层施肥打破了传统的耕作程序，节省了过多的劳动力投入，提高了肥料的利用率，达到粮食增产和农民增收的目的，是目前节本增效的最先进的播种机。

（2）主要技术参数

①外型尺寸：2 182 cm×2 500 cm×1 480 cm。

②配套动力：75～90 kW。

③播肥深度：100～250 mm。

④播种深度：20～50 mm。

⑤基本行距：600 mm（可调）。

⑥播种行数：4。

⑦工作效率：9～12 亩/h。

19. 3WX-280 自走式旱田作物喷杆喷雾机

（1）主要技术特点

3WX-280 自走式旱田作物喷杆喷雾机适合小麦、玉米、蔬菜、牧草及其他低秆作物的除草和杀虫喷药及喷洒叶面肥作业；性能先进，质量可靠，性价比高，关键部位采用国外进口零件，在行业内处于领先地位，技术先进的代表；该机灵活小巧，作业效率高，地毯式全覆盖喷药作业，每天作业可达 150～200 亩，适合黄淮海地区的小地块和大地块耕地的喷药作业。

（2）主要技术参数

型　号	3WX-280	配套动力	188F（常柴牌风冷）	工作行走速度（km/h）	4～5
行走方式	前轮驱动/三轮行走	柴油机功率（kW/马力）	7.3 / 10	作业效率（亩/h）	30～40
适用作物	小麦、大豆、蔬菜、大豆及玉米五叶期以前	泵流量（L/min）	40	耗油费用（元/亩）	0.4～0.5
外观尺寸（mm）（长×宽×高）	3 300×1 590×2 250	工作压力（Mpa）	0.2～0.4	药箱容积（L）	280
最低离地间隙（cm）	90	过滤级数	4 级过滤	作业幅宽（cm）	600
后轮可调轮距（cm）	120～176	药物搅拌方式	自动搅拌	喷杆高度（cm）	50～150

20. JP75-300（智能型）绞盘式喷灌机

（1）主要技术特点

JP75-300（智能型）绞盘式喷灌机是农哈哈公司引进意大利先进喷灌技术，精心研制的高端、智能型喷灌机；智能化操作，方便快捷准确；人性化设计，操作省时省力；原装进口部件，高性能高质量的保障；国际先进标准，国内顶尖制造，农哈哈智能型喷灌机是您规模化种植、机械化作业的理想选择。

（2）主要技术参数

PE输水管外径（mm）	最大喷洒长度（m）	单程作业回收时间（h）	组合喷洒均匀度系数IUC（%）	PE输水管层间速度差（Vu）	降水量（mm）	单喷头式			
						入机压力（Mpa）	喷嘴直径（mm）	流量（m³/h）	喷洒幅宽范围（m）
75	320	8～16	≥85	≤20	8～50	0.5～0.85	18、20、22	13～50	40～70

整机重量（不含水）（kg）	整机重量（含水）（kg）	整机外观尺寸（长×宽×高）（mm）	离地距离（cm）	底盘轮距可调范围（cm）	喷头车轮距可调范围（cm）	多喷头桁架式			
						入机压力（Mpa）	喷嘴个数与直径（个）（mm）	流量（m³/h）	最大控制幅宽（m）
1 550	2 400	5 190×2 100×2 620	30	150～180	130～280	0.4～0.7	13、4.4～7.5	10～40	30

21. JP75-300 带淋灌桁架的绞盘式喷灌机

（1）主要技术特点

此机采用桁架式淋灌，可降低水头压力损失 0.2 MPa，减少水分在空气中的蒸发，减小水滴对农作物的冲击；桁架辐射宽度 25～30 m，相对常规农田灌溉节约用地 10%；采用智能化控制单元，可实现故障报警、灌水量提醒、地头自动停车等功能；桁架同时配有施肥系统，可进行水肥一体化作业；设备操作简单，2 人即可完成作业周期。

（2）主要技术参数

PE 输水管外径（mm）	最大喷洒长度（m）	单程作业回收时间（h）	组合喷洒均匀度系数 IUC（%）	PE 输水管层间速度差（Vu）	降水量（mm）	单喷头式			
						入机压力（Mpa）	喷嘴直径（mm）	流量（m³/h）	喷洒幅宽范围（m）
75	320	8～16	≥85	≤20	8～50	0.5～0.85	18、20、22	13～50	40～70

整机重量（不含水）（kg）	整机重量（含水）（kg）	整机外观尺寸（长×宽×高）（mm）	离地距离（cm）	底盘轮距可调范围（cm）	喷头车轮距可调范围（cm）	多喷头桁架式			
						入机压力（Mpa）	喷嘴个数与直径（个）（mm）	流量（m³/h）	最大控制幅宽（m）
1 550	2 400	5 190×2 100×2 620	30	150～180	130～280	0.4～0.7	13、4.4～7.5	10～40	30

22. 1SZL-500 联合整地机

（1）主要技术特点

①三排主梁主要用于中性或黏性土壤。

②工作深度可达 30CM。

③大梁离地距离和弹齿距离为 80CM，避免堵塞。

④铲尖采用特殊热处理和涂镀耐磨材料寿命加长。

⑤铲柄采用防过载保护装置，避免损坏配套动力。

⑥后镇压轮具有超强的地势仿形能力，压实表层土壤。

⑦通过拔插折叠插销迅速更换深松铲。

⑧深度作业调节器只需要通过两个插销就可以简便调节作业深度。

⑨液压折叠可方便运输。

（2）主要技术参数

①型号：1SZL-500。

②外型尺寸：930 cm×500 cm×195 cm。

③结构形式：半悬挂。

④配套动力：>130 kW。

⑤作业幅宽：500 cm。

⑥作业速度：7～10 km/h。

⑦耕地深度：≥25 cm。

⑧整地深度：≥8 cm。

⑨耙后地表平整度：≤5 cm。

⑩纯工作小时生产率：>3.5 hm²/h。

⑪深松齿/耙片对数：18/6 个。

⑫运输尺寸（长×宽×高）：870 cm×300 cm×345 cm。

⑬运输间隙：≥30 cm。

⑭整机重量：5 000 kg。

附件1

DB13

河 北 省 地 方 标 准

DB 13/T 2004—2014

冬小麦—夏玉米全程机械化技术规程

Technical regulation for full-mechanized production
in wheat-maize double cropping system

2014-01-25 发布 2014-02-10 实施

河北省质量技术监督局 发布

前　言

本标准由河北省农林科学院提出

本标准起草单位：河北省农林科学院粮油作物研究所

本标准主要起草人：籍俊杰、贾秀领、梁双波、岳增良、李谦、张丽华

冬小麦—夏玉米全程机械化技术规程

1　范围

本标准规定了冬小麦—夏玉米全程机械化的术语定义、土地整治规划、冬小麦机械化种植和玉米机械化种植内容。

本标准适用于冬小麦、夏玉米一年两熟种植区全程机械化生产作业。其他种植区域、种植模式可参照执行。

2　规范性引用文件

下列文件对于本文件的应用是必不可少的。凡是注日期的引用文件，仅注日期的版本适用于本文件。凡是不注日期的引用文件，其最新版本（包括所有的修改单）适用于本文件。

NY/T　741—2003　深松、耙茬机械作业质量

NY/T　1628—2008　玉米免耕（覆盖）播种机作业质量

NY/T　1143—2006　播种机质量评价技术规范

NY/T　1355—2007　玉米收获机作业质量

GB/T　5262—2008　农业机械试验条件测定方法的一般规定

NY/T　1004—2006　秸秆还田机质量评价技术规范

JB/T　6678—2001　秸秆粉碎还田机

NY/T　500—2002　秸秆还田机

JB/T　6274.1—2001　谷物播种机技术条件

GB　4404.1—2008　粮食作物种子质量标准–禾谷类

NY/T　995—2006　谷物小麦联合收获机械作业质量

DB　13/T 1045—2009　机械化秸秆粉碎还田技术规程

SL　207—98　节水灌溉技术规范

3　术语和定义

下列术语和定义适用于本标准。

3.1　冬小麦、夏玉米全程机械化

在冬小麦、夏玉米生产过程中的前作秸秆处理、整地、施肥、播种、植保、灌溉、收获的全部生产环节，均采用机械化方式进行作业。

3.2　种植方式

在一个地区或生产单位经常采用的作物组成、耕作制度、种植方法等的总称。

3.3　种植模式

在一年内同一地块所采用的作物结构、作业程序、所用农业机械种类等规范化的种植方式。

4 土地规划整治

为便于全程机械化作业，田间土地、耕作道路、水利设施、电力设施等需要规划整治。

4.1 田间道路

田间主干道宽 5 m，耕作道路 4 m。路基与土地高度相差不得高于 30 cm；在农机作业需进出的一侧路边（地头方向）不得栽种树木；路边不得有沟渠影响农机进出田间。

4.2 水利设施

根据灌溉农艺要求，设计合适的水利设施。建议在耕作道路路边埋设地下高压输水管道，每隔 40 m 留出一个可密封的出水口。管路压力大于 1 MPa。

4.3 电力设施

根据农艺要求，设计合适的电力设施。建议在耕作道路路边埋设地下电缆，间隔 40 m 留一个接线柱。

4.4 田间整治

对土地进行平整治理。规模化种植地块建议采用机械化激光平地作业。在耕地中间不得有树木、坟头、电线杆等影响农机具作业的障碍物。

5 冬小麦机械化种植

5.1 播前准备

5.1.1 品种选择

应根据当地的土、肥、水、温等条件，选择高产、抗寒、抗倒、广适小麦新品种。种子质量应符合《粮食作物种子质量标准–禾谷类》GB 4404.1—2008 4.2.2 规定的要求。

5.1.2 肥料准备

肥料种类与施用量应根据当地土壤肥力状况及目标产量，按照测土配方要求确定。

5.1.3 播种机准备

按农艺要求调整好种植行距、开沟深度、播种量、带施肥播种机还应调节施肥量。播种作业前，应按照使用说明书要求对机具进行全面检查、调整和保养。

5.1.4 前茬作物秸秆处理

在采用自带秸秆粉碎装置的玉米联合收割机收获的基础上，采用玉米秸秆粉碎还田机作业 1 遍。秸秆切碎质量应符合《秸秆还田质量标准》NY/T 500 规定中的要求。

5.1.5 施肥

整地前，采用撒肥机进行底肥撒施，推荐施肥量：N 120 kg/hm^2，P_2O_5 120 kg/hm^2，K_2O 75 kg/hm^2。

5.1.6 整地

根据土壤条件和地表秸秆覆盖状况，选择适宜的机械整地方式。可采用深翻作业或附带深松功能的旋耕机整地 1~2 遍，深翻、深松作业深度 25 cm 左右，旋耕深度需达到 15 cm。推荐使用具有旋耕+施肥+播种功能的小麦旋播机播种，节本增效。

5.2　播种

5.2.1　播期与播量

根据当地的气温、土壤墒情及小麦品种特性适时适量播种。播期播种期以 10 月 5—15 日宜，播种量随播种时间的推迟增加。建议冀中南地区 10 月 5 日开始播种，播种量 150～180 kg/hm²，每推迟 1 d 增加播种量 7.5 kg/hm²。

5.2.2　种植方式及其种植间距

在标准作业幅度 40 m 内采用等行距播种，行距 15 cm，播深 3～5 cm，播后适时镇压。小麦种植时，在作业幅度中心线两侧距离 0.9 m 处，各留出一个 0.3 m 宽的农机作业通道，便于田间管理机械行走作业。

5.2.3　作业性能指标及评定要求

作业质量要求及评定应符合 NY/T 1628 规定。

5.3　田间管理

5.3.1　灌溉与追肥

根据农艺要求合理灌水、追肥。推荐使用作业幅宽为 40 m 的桁架式喷灌机。灌溉系统中可安装文丘里施肥器或施肥泵等装置完成水肥一体化作业（施氮肥 3 次，总施用量 100～120 kgN/hm²）。

底墒不足或出苗质量较差的地块播后应浇水一次，灌水量 225 m³/hm² 左右。土壤墒情不足，5～20 cm 土层含水量沙土低于 16%、壤土低于 18%、黏土低于 20%，或土壤相对湿度低于 60%，即需进行冬灌，高于上述指标要缓灌或不灌；地湿墒足，地温偏低，不宜大水，水量 300 m³/hm²，冬灌适宜在日平均气温稳定在 5℃ 左右时进行（昼消夜冻）。一般年份小麦拔节初期（冀中南 4 月 1 日—4 月 10 日）灌水追肥，干旱年份或群体不足的麦田提早到起身期（3 月 20 日—4 月 1 日）灌溉，浇水量 450 m³/hm²，并追施氮肥 60 kgN/hm²。孕穗-抽穗期灌溉一次，水量 450 m³/hm²，追施氮肥 35 kg/hm²。开花后 15～20 d 浇灌浆水，水量 225～300 m³/hm²，追氮肥 25 kg/hm²。

5.3.2　小麦植保

根据当地小麦病虫草害情况，合理选用农药种类及药量，按照机械化植保技术操作规程进行防治作业。推荐采用作业幅宽为 20 m 的高地隙自走式植保机械作业，操作规程严格按照植保机械使用说明书执行。

5.4　机械收获

5.4.1　机具选择及作业要求

优先选用带有秸秆切碎抛洒功能的小麦联合收获机。

5.4.2　作业质量

小麦机械收获作业质量应符合 NY/T 995《谷物（小麦）联合收获机械 作业质量》标准中的要求。选用加装秸秆粉碎抛洒装置的联合收割机进行小麦收获作业，秸秆留茬高度 10～20 cm 为宜。

6 夏玉米机械化种植

6.1 播前准备

6.1.1 品种准备

根据土壤状况、肥力、水分、气候、积温等条件，选用高产、耐密、抗倒玉米品种。种子质量应符合 GB 4404.1—2008《粮食作物种子质量标准-禾谷类》标准的要求。

6.1.2 肥料准备

肥料品种与施用量应根据当地土壤肥力状况及目标产量，按照测土配方要求确定。玉米全生育期所需肥量的 30%~40% 作为底肥随播种作业同施，化肥与种子之间的间距应不小于 5 cm，大喇叭口期追肥 1 次。

6.1.3 播种机准备

所选播种机的作业行距应与所选用收获机具的参数相匹配。根据种子形状及大小选择合适的排种器，建议使用单体仿形带有联动轴的单粒精量播种机播种。播种作业前，应按照使用说明书要求对机具进行全面检查、调整和保养。按农艺要求调整好种植行距、株距、开沟深度、施肥量。

6.2 播种

6.2.1 播期与播量

小麦收获后抢时早播，播种期 6 月 8—18 日，宜早不宜晚；种植密度根据玉米品种特性及农艺要求确定。采用单粒点播精密播种形式播种的，建议播种粒数为农艺要求亩株数的 105%~110%。推荐播种量 20~30 kg/hm²。采用其他播种方式播种的播种量可适当加大。

6.2.2 种植方式及其种植间距

小麦收获后采用免耕播种方式播种。播种速度 4~5 km/h，播深 3 cm。种植行距 60±5 cm，株距应根据种植品种的密度要求进行核定。推荐底肥采用养分含量 40% 以上的高钾配方复合肥 300~380 kg/hm²。采用种肥同播，保证肥料与种子间距 5 cm 以上。在标准作业幅度 40 m 内采用等行距平作、免耕精量播种种植方式。

玉米种植季，在作业幅度中心线两侧距离 0.9 m 处，各出一个 0.5 m 宽的农机作业通道，两通道中间可种植大豆等矮秆作物。

6.2.3 作业性能指标及评定要求

免耕种植方式的作业质量要求及评定应符合 NY/T 1628 的规定。

6.3 田间管理

6.3.1 灌溉

推荐采用作业幅度为 40 m 的桁架式灌溉机。按玉米需水要求适时定额灌溉。玉米播种后 24 h 内小定额灌水 1 次，水量 300 m³/hm²。

6.3.2 追肥

大喇叭口期进行追肥。追肥作业可选择机械追肥或水肥一体作业。

6.3.2.1 机械追肥

中耕追肥应采用高地隙自走式动力平台悬挂玉米追肥机械进行对行作业，在大喇叭口期追施玉米专用肥 375 kg/hm²。一次完成开沟、施肥、培土、镇压等工序。

6.3.2.2 水肥一体

大喇叭口期建议灌水追肥，灌水量根据降雨情况而定，一般 150～300 m³/hm²，随灌水喷施玉米水溶肥 375 kg/hm²。

6.3.3 植保

根据当地玉米病、虫、草害种类和为害程度，选择对症药物按比例稀释农药，合理选用药剂及药量。推荐采用作业幅宽为 20 m 的高地隙自走式植保机械。按照机械化植保技术操作规程进行防治作业。

6.3.3.1 操作程序

作业过程中，要严格按照起动、加压、开阀门、停车、卸压、关闭阀门顺序进行操作。作业前先启动药液泵，然后打开送药开关进行喷雾；停车时应先关闭送药开关，然后切断动力，以减少药液滴漏；驾驶员要确保机车走直走正，不允许漏喷和重喷；喷雾宽度小于喷雾机喷幅时须关闭多余喷头，防止重喷，发生药害。

6.3.3.2 工作压力

喷雾时压力不得超过 0.5 MPa，以免压力过高造成机具损坏。

6.3.3.3 作业质量验收标准

药液喷洒要均匀，有效覆盖密度每平方厘米不少于 20 个雾滴；药液在植株上的覆盖率达到 100%。喷雾均匀性严格按照 GB/T 17997 的规定执行。

6.4 机械收获

6.4.1 机具选择及作业要求

要求选用收获机具的作业行数、行距应与播种机的作业行数、行距相匹配。选用带玉米剥皮功能、秸秆粉碎装置、苞叶粉碎装置的联合收获机，对行作业。

6.4.2 作业质量

玉米机械收获作业质量应符合 NY/T 1355 的要求。

附件 2

河北省小麦—玉米规模化种植全程机械化技术工艺路线

（2015 简化高效版）

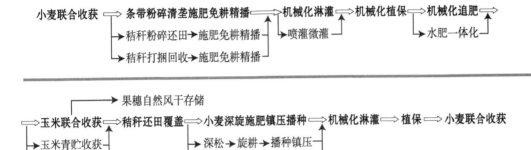

注：深松和犁地作业每 3～5 年进行一次；联合整地包括浅松、耙地、碎土、立旋。

附件 3

小麦—玉米全程机械化技术模式效益分析一览表

技术模式	增收节支采用项目技术措施	一年两季用工、使用农资数量及粮食产量					
		两季用工量（个）	灌水量（m³）	施肥量（kg）	喷药量（L）	农资费用（元）	亩产（kg）
全程机械化作业模式	利用淋灌机进行小定额灌溉	0.8	120（6次）	0	0	120	0
	使用高地隙植保机械打药	0.2	0	0	175（5次）	40	0
	水肥一体化技术施肥	0.5	0	86 kg（5次）	0	340	0
	机械化播种	0.5	0	0	0	20	0
	深松联合整地	0.2	0	0	0	55	0
	联合收割	0.4	0	0	0	80	0
	其他	0.4	0	0	0	60	0
	小计	3	120	86	175	715	1 308.37
传统模式	以人工和半机械化作业为主（见表下备注）	9（每个人工按80元计）	180～240（4～6次）	100（3次）	200（5次）	910	1 200
增收节支数量		减少用工6个，合计480元	节水60 m³以上	节省肥料14 kg	节省农药25L	节省农资195元	增产108.37 kg
增收节支比例		67%	33.3%	14%	12.5%	21.4%	9.03%
每亩增收节支合计		891.74 元					

该项技术适用于小麦玉米两熟区使用。在馆陶县规模化示范基地的试验应用证明，农机具配置可以满足 1 000 亩左右土地经营规模的作业要求。2014—2015 年度在石家庄市高邑县粮丰农业合作社进行了大面积应用，对其管理的 1 000 亩地进行了全程机械化作业。

传统种植模式，每亩生产成本合计为 1 630 元；规模化种植全程机械化模式生产，每亩合计成本在 955 元。相比之下，此技术模式每亩节省用工 6 个（480 元），节省农资 195 元，共节约生产成本 675 元（农民报）；增产 108.37 kg，增收 216.74 元，每亩增收节支 891.74 元。扣除机械购置折旧和使用费用 520 元，该技术的应用每亩可增收节支 371.74 元。

由此可见，机械化的规模化种植课节省大量人力和资金。试验效果良好。与传统种植模式相比。亩用工减少了 70%。并且解决了争抢农时、苗期抗旱保苗问题。

（河北省农林科学院粮油作物作物研究所　整理：籍俊杰、李谦）

第五部分
农牧结合配套技术

花生秧全株玉米混合青贮新型实用技术

1. 技术概述

青贮饲料是将含水率为65%~75%的青绿饲料经切碎后，在密闭缺氧的条件下，通过厌氧乳酸菌的发酵作用，抑制各种杂菌的繁殖，而得到的一种粗饲料。青贮饲料气味酸香、柔软多汁、适口性好、营养丰富、利于长期保存是家畜优良饲料来源。随着人们对肉蛋奶需求量的不断提高，有力的推动了养殖业的发展，养殖业的不断发展增大了市场对饲料的需求，青贮饲料作为一种易于保存，性能优良的饲料被广泛应用。

花生以其全面丰富的营养而著称，我国作为世界花生第一生产大国，2016年种植面积达699万亩，总产量达1 571万t。花生收获后产生的副产物花生秧也富含多种营养物质，其粗蛋白质质（CP）含量约为8.11%、粗脂肪（EE）1.35%、中性洗涤纤维（NDF）51.79%、酸性洗涤纤维（ADF）36.44%，是具有巨大开发潜力的粗饲料资源之一。目前，经过晾晒风干的花生秧已应用于奶牛养殖中，但是晾晒花生秧不仅有气候条件的限制，还会影响其养分含量，且牛采食干枯花生秧容易导致瓣胃阻塞等疾病，因此，许多研究者认为将花生秧进行微贮或青贮是较为合适的利用方式。由于花生秧的水溶性碳水化合物含量较低，只有与其他碳水化合物含量较高的青贮原料进行混合青贮，方能得到较好的青贮效果。青贮玉米是奶牛养殖中使用最广泛的粗饲料，且已形成成熟的青贮发酵处理技术，本技术将花生秧与全株玉米进行混合青贮，为花生秧作为奶牛粗饲料的合理开发利用提供技术支持。

本技术方法生产的青贮饲料青贮效果显著好于花生秧单贮，青贮品质和营养品质与青贮玉米接近。与青贮玉米相比，花生秧全株玉米混合青贮的NDF含量较低，乳酸、可溶性糖含量较高。

由于鲜花生秧的成本远低于全株玉米，使用花生秧与全株青贮玉米进行混合青贮既可节约饲料成本，又可避免牛采食干枯花生秧而导致的瓣胃阻塞等疾病。此外，将花生秧做成青贮饲料省去了以干草形式利用时需晒干的步骤，操作简便，使其营养品质能够得到较完整的保存。

2. 技术要点

（1）青贮饲料的制备方法

①制作饲料原料：将花生秧和全株玉米切割揉碎混合均匀。

②添加青贮添加剂和水。

③填装入青贮容器中、压实、密封，常温条件下贮存30~60 d。

步骤①中将花生秧和全株玉米切割揉碎成1~2 cm的小段，花生秧与全株玉米的重量比不超过1:3。

步骤②中使用的添加剂为添加剂 1 和添加剂 2。添加剂 1（成分：枯草芽孢杆菌 $\geq 6 \times 10^9$ CFU/g、产朊假丝酵母 $\geq 3 \times 10^9$ CFU/g、嗜酸乳杆菌 $\geq 1 \times 10^9$ CFU/g）由北京好友巡天生物技术有限责任公司提供。添加剂 2（成分：乳酸菌 $\geq 1 \times 10^{11}$ CFU/g）由芯来旺生物科技（南京）有限公司提供。青贮发酵剂的添加量为每吨原料添加 $1 \sim 3$ g，将所述发酵剂加入 $20 \sim 40$ kg 水中溶解后均匀喷洒于饲料原料上；水的加入量为使饲料原料含水量达到 60%～75%；优选使用蒸馏水。

（2）青贮处理的基本流程

①贮前准备。可采用青贮窖或青贮袋进行青贮，根据饲养规模确定青贮设施的容量和数量。青贮前清理青贮窖内杂物，并对窖内损坏及时修复。袋贮选用聚乙烯无毒塑料薄膜，塑料薄膜厚度一般大于 0.2 mm 并外套一层编织袋。塑料袋容量以 50 kg 为宜。

②原料。花生秧在花生收获时收割，留茬高度在 $3 \sim 5$ cm，避免带入泥土、砂石等杂物及腐烂变质的叶片、秸秆等。

③切碎。收获的原料采用机械及时切碎，长度 $1 \sim 2$ cm 为宜。

④装填与压实。青贮原料切碎后迅速装填入窖，并与压实作业交替进行。装填前可在窖底及窖壁铺一层厚度小于 0.8 mm、柔软抗压、不宜破损的聚氯乙烯薄膜。由内到外逐层装填，每装填一层，压实一次，每层厚度不超过 30 cm。应特别注意将窖、壁四周压实。原料装填过程中，可选择性使用有促进发酵或抑制开窖后有氧变质的添加剂，同时避免外源性异物带入。原料装填压实后，应高出窖口 30 cm。

袋贮装填：将混合均匀的原料装入塑料袋内，随装随压实，一直装至封口处。

⑤密封。原料装填、压实后，立即密封。装填开始到密封的时间不应超过 3 d。宜采用无毒无害的塑料薄膜进行覆盖完全，在薄膜上放置重物镇压，或压一层厚 $40 \sim 60$ cm 的湿土，打实拍实。

塑料袋密封：青贮塑料袋可用热合法封口，也可用绳子将袋口扎紧。

⑥贮后管理。经常检查青贮的密封性，如发现窖顶有下沉或裂缝，应及时修填拍实，出现积水及时排除。堆积青贮塑料袋的地方，应特别注意防鼠，如发现有破洞，应及时修补。

⑦取饲。青贮饲料密封发酵成熟后，可开启使用，贮藏时间宜在 30 d 以上。取用时，根据饲喂量取用，每天取用厚度不宜小于 30 cm，应保持取料面平整。袋装青贮则以整袋使用为宜。

3. 注意事项

①混合青贮中花生秧与全株玉米的适宜重量比（$1 \sim 3$）：3，不宜超过 1：1。

②添加剂的添加比例以使用说明为准，水的加入量为使饲料原料含水量达到 60%～75% 为宜。

③窖底、窖壁衬垫所用的聚氯乙烯薄膜厚度应小于 0.8 mm，且柔软抗压，不宜破损。

④青贮原料需适期刈割，刈割后应在当日或次日及时切断成 $1 \sim 2$ cm 添入窖内，切碎的原料要分层装入事先已用塑料衬垫好窖底、窖壁的青贮窖内。每装约 30 cm 厚度就

应踏实一次，尤其是要踏实边缘和四角。当装至高出窖口 1 m 左右时用塑膜严密封盖，最后再覆盖一层 10～20 cm 的干净湿土并拍实呈馒头状。

⑤取喂时，每次取料不宜过多，应根据家畜数量和补饲标准每天或隔日取料。应一层一层取，不要破坏内青贮饲料的完整性。每次取料后，都要随即将表面摊平，并用塑膜或其他覆盖物封盖，以防止空气、雨水进入。

⑥该技术适宜区域为花生、玉米种植区域。

4. 技术咨询服务机构

该技术已申请专利保护，依托于河北省农林科学院粮油作物研究所。

联系人：王昆　电话：0311-87670630

饲用青贮甜高粱夏播种植技术

1. 技术概述

AS6023 为由美国引进的中熟优质、高产青贮甜高粱杂交种，生育期 90～95 d，具有褐脉和矮化的外型特征。褐脉特性显著降低木质素含量，提高可代谢能，适口性好。矮化特性赋予其抗倒伏，耐密植、茎叶茂盛，节间缩短，叶/茎比例高等优势。AS6023 穗形紧凑，籽粒产量高，显著提高整株的能量供应。综合抗病能力强，高抗高粱霜霉病、炭疽病和镰孢菌茎腐病。耐旱节水，耐瘠薄，适应性广。根据冀中南自然资源特点，以收获饲草为目标，该品种适宜夏播，与燕麦、小黑麦或小麦等作物形成一年两熟种植模式。

该技术一般每亩可收获甜高粱鲜草 4.5～5.8 t。

2. 技术要点

（1）品种选择

选用生育期 95 d 左右，植株综合性状好、抗倒伏、生物产量高的甜高粱品种。

（2）播种

①适时早播。小麦、小黑麦或燕麦等作物收获后，一般在 6 月上中旬及时贴茬播种。

②播种量。播种量每亩为 1～1.5 kg，根据品种特性、种子发芽率及土壤墒情确定增减播种量。

③播种深度。播种深度在 2～4 cm 为宜。

④播种形式。播种机免耕作业，种肥同播。一般采用 30～45 cm 等行距播种，干旱地区播种行距可增加到 50 cm，亩施 40 kg 复合肥作底肥。

（3）播后管理

①浇水。播后墒情不足要及时浇蒙头水。拔节期至抽穗期根据田间墒情，有灌溉条件的地方进行灌溉。每亩灌水量均为 40～45 m³。

②化学除草。出苗前，用莠去津、阿特拉津等除草剂进行田间杂草防治。

（4）病虫害防治

①病害防治。秋季易发生叶斑病，可在发病初期喷施 75% 百菌清进行防治。

②虫害防治。蚜虫：甜高粱糖度高，易受蚜虫为害，主要是生长后期，应加强关注，及时防治。甜高粱对有机磷农药过敏，可用溴氰菊酯、氯氰菊酯或苦参碱等农药防治。螟虫：发现有螟虫为害心叶时，选用溴氰菊酯、氰戊菊酯进行防治；抽穗后，螟虫可上升到穗部为害，可用上述农药对穗部进行重点喷雾。

（5）刈割

用于青贮甜高粱最佳收割期是乳熟末期至蜡熟期，刈割太早含水量太高不易青贮，太晚木质化提高会降低营养成分。于早霜来临之前刈割。刈割留茬高度15～20 cm。

3. 注意事项

①避免霜后收获，低温会导致高粱植株体内有害物质的产生和积累。
②该技术适宜区域为冀中南地区。

4. 技术咨询服务机构

河北省农林科学院棉花研究所　电话：0311-87652079

青贮燕麦—夏玉米一年两熟种植技术

1. 技术概述

该技术根据冀中南自然资源特点，迎合养殖业饲草需求，以收获青贮为目标，将燕麦从高海拔冷凉地区引进冀中南地区种植，与夏玉米轮作，形成青贮燕麦—夏玉米一年两熟种植模式。该模式中燕麦具有耐寒、耐瘠薄优良特性，所以可在春季适当早播争取农时；燕麦的耐旱性又可以使其在灌溉水不足的情况下应对春旱的发生。而夏玉米种植季正值该地区雨热资源都很丰富的时期，能够充分利用自然资源。

该技术一般情况下可收获燕麦鲜草 1.8~3.0 t，可收获玉米鲜草 2.0~3.8 t。

2. 技术要点

（1）燕麦栽培技术要点

①播前准备。

底墒：秋冬雨雪较少，不能满足播种墒情地块尽早浇底墒水，土壤昼化夜冻的顶凌期，及时翻耕土地，翻后耙耱平整，打碎土块，做到上虚下实，土壤含水量保持在 10% 以上。

施足底肥：底肥结合整地一次性施入。底施复合肥 30~40 kg/亩。有条件地区可增施厩肥、腐烂秸秆等有机肥 1 000 kg 以上。

选用优种：选用具备以下条件的优种：生物产量高、株型高大；生育期适中，不小于 100 d；秸秆较硬，抗倒伏；抗黄矮病、锈病。

播前拌种：播种前选用多菌灵、拌种霜等药剂处理种子，可有效防治坚黑穗病。

②播种。

适期早播。当日均气温稳定通过 8℃或地温稳定通过 5℃时（一般年份在 2 月底至 3 月上中旬），即可春播燕麦。

播种量。亩播种量为 10~12 kg，根据品种特性酌情增减。

播种深度。播深在 2~3 cm 为宜。

播种形式。一般采用等行距机播，行距 12~15 cm，适当增大播幅宽度。

③田间管理。

肥水管理：追肥在分蘖或拔节期，原则为前促后控，结合灌溉或降雨前施用，追施尿素 10 kg/亩。在分蘖期和拔节期各浇一次水。

病虫草害防治：苗期至拔节期，以防治田间阔叶杂草为主，用 75% 苯磺隆等防治。孕穗至灌浆期，以防治蚜虫为主，可选用吡虫啉、叮虫咪等化学防治蚜虫。注意收获前 15 d 不再用药防治。

④收获。

收获全株燕麦，主要用于青贮，也可制作干草。进入灌浆后期至乳熟期（一般在 6 月上中旬）收获最佳。

（2）玉米栽培技术要点

①播种。

品种选择：选用抗倒伏、生育期适中、株型紧凑、生物产量高的玉米品种。

播种时间：燕麦收获后，抢时贴茬播种夏玉米（一般在 6 月中旬前后）。

播种形式：播种机免耕作业，速度不高于 4 km/h，防止漏播。一般采用等行距播种，行距 50～60 cm，亩施 40 kg 复合肥作底肥。

密度：根据品种特征特性确定，一般紧凑型品种为每亩 5 000～6 000 株。

②播后管理。

浇水：播后墒情不足要及时浇蒙头水，每亩灌水量为 40～45 m³。

化学除草：播种后出苗前，使用乙草胺、异丙草胺、甲草胺、丁草胺、莠去津或复配除草剂等均匀喷洒地面进行封闭除草。玉米出苗后用烟嘧磺隆均匀喷洒行间地面进行除草。

③苗期病虫害防治。

注意防治粗缩病、蓟马、二点委夜蛾、玉米耕葵粉蚧、灰飞虱、地老虎等病虫害。

④中后期管理。

夏季降雨不足，大喇叭口期严重干旱时要及时灌溉，每亩灌水 40～45 m³。在大喇叭口期重点预防玉米螟等钻芯害虫；还应以杀菌剂、杀虫剂混合喷雾，预防玉米中后期玉米青枯病、玉米螟等病虫害。注意收获前 15 d 不再用药防治。

⑤收获。

收获全株玉米用于青贮，在乳熟末期到蜡熟初期收获最佳（玉米籽粒乳线至 1/4～2/3）。

3. 注意事项

该技术适合在冀中南地区推广应用，既能让种植户获得较高的种植效益，又为养殖业提供优质丰富的饲草饲料。

4. 技术咨询服务机构

河北省农林科学院棉花研究所　河北艾禾农业科技有限公司

电话：0311-87652079

牧草式低酚棉种植新型实用技术

1. 技术概述

低酚棉是一种在植株、种子及部分器官中无色素腺体的棉花类型。色素腺体中含有对人畜以及其他生物具有毒害作用的物质——游离棉酚。世界卫生组织（WHO）和联合国粮农组织（FAO）规定，棉花种仁中的棉酚含量低于 0.04% 时，无需经过物理或化学处理，即可作为饲料或食品直接使用。因此低酚棉是一种新型高效经济作物。

2. 技术要点

（1）苗期去杂

由于低酚棉的色素腺体受两对隐性基因控制，只有纯合的 gl2 gl2 gl3 gl3 才表现无色素腺体性状，因此低酚棉在种植过程中容易产生混杂。通过观察叶脉蜜腺和叶柄去除有色素腺体的杂株。

（2）种植密度

行距 66.67 cm，株距 12.5 cm，密度为 8 000 株/亩。

（3）刈割部位

倒五叶；吐絮期收割地上部棉花植株。

（4）刈割时期

盛花期开始，分 4 次收割为宜。

3. 注意事项

①整个生育期严禁使用高毒农药防治害虫。

②牧草式低酚棉采用免整枝简化高效栽培技术，生育期内不进行化控。

③合理灌溉。进入花铃期后，棉花植株生长旺盛，气温较高，棉株蒸腾作用强烈，是棉花一生中需水最多的时期。每亩灌水 30～40 m^3。

④科学施肥。棉花现蕾以后，进入营养生长和生殖生长并进时期，而仍以营养生长为主。棉花蕾期施肥既要满足棉花发棵、搭丰产架子的需要，每亩追 10～15 kg 标准氮肥。重施花铃肥。初花期施肥，一般亩施尿素 15～20 kg。从 8 月中旬开始进行叶面喷肥。可喷 0.5%～1% 的尿素溶液、2%～3% 的过磷酸钙溶液或 800～1 000 倍的磷酸二氢钾溶液。

⑤该技术适宜区域为河北省中南部棉区。

4. 技术咨询服务机构

邯郸市农业科学院

联系人：米换房　权月伟

电话：13803293043　0310-8162283

附件　低酚棉邯 6305 收割时期和种植密度的田间试验

1. 试验目的

通过对低酚棉新品系邯 6305 收割时期和种植密度的田间试验，探索低酚棉作为饲草种植模式及第一次收割的时间，为牧草式低酚棉的可行性提供科学依据。

试验材料：棉花（Gossypium hirsutum L.），邯郸市农业科学院自育低酚棉新品系邯 6305。

试验地点设在邯郸市农业科学院试验地，为多年棉花育种试验田，每年进行棉秆粉碎还田，枯、黄萎病发病较重、均匀。试验地土壤类型属偏沙性壤土，有机质含量1%，肥力中等。试验棉田为一熟春播棉。地势平整，肥力水平中等，配套设施齐备、耕作排灌等条件良好，无不良小气候，四周均种植棉花，棉花长势和田间管理均匀一致。

2. 试验设计

收割时期试验：设置 3 个时期，第一次收割时间分别为初花期、蕾铃期和吐絮期。采用随机区组排列，3 次重复，4 行区，小区面积为 13.33 m^3。试验周边设 4 行以上保护行。

种植密度试验：设置 4 个密度水平：4 000 株/亩、6 000 株/亩、8 000 株/亩、10 000 株/亩。

田间管理：4 月 30 日播种，播前洇地造墒，耧开沟、人工点播。出苗后于 5 月 24日间苗，6 月 4 日定苗。播种前撒施富斯德棉花专用缓控释肥 50 kg/亩。中耕除草 3次。没有进行整治打顶以及病虫害的防治。7 月 18 日，8 月 19 日浇水 2 次。

3. 试验结果

试验结果如下。

在不同密度不同收割次数下低酚棉植株鲜重　　（单位：kg/亩）

密度	收割次数	重复 1	重复 2	重复 3
A1	B1	2 013	2 110	2 066
	B2	2 277	2 146	2 281
	B3	1 876	1 851	1 826
A2	B1	2 131	2 165	2 038
	B2	2 314	2 363	2 295
	B3	2 085	2 148	1 991

（续表）

密度	收割次数	重复1	重复2	重复3
A3	B1	2 224	2 353	2 384
	B2	2 593	2 643	2 577
	B3	2 287	2 276	2 152
A4	B1	2 152	2 039	2 145
	B2	2 427	2 410	2 295
	B3	2 129	2 237	2 180

注：A1、A2、A3、A4分别表示密度4 000株/亩、6 000株/亩、8 000株/亩；B1表示第一次收割时间为初花期，共收割7次；B2表示第一次收割时间为花铃期，共收割5次；B1表示第一次收割时间为吐絮期，一次性收割地上部植株。

方差分析

变异来源	平方和	自由度	均方	F值	p值
A因素间	532 131	3	177 377	14.44	0.003 8
B因素间	591 169	2	295 585	24.07	0.001 4
A×B	73 696	6	12 283	3.16	0.019 9
误差	93 344	24	3 889		
总变异	1 290 339	35			

多重比较

处理	均值	5%显著水平	1%极显著水平
A3/B2	2 604	a	A
A4/B2	2 377	b	B
A2/B2	2 324	bc	BC
A3/B1	2 320	bc	BC
A3/B3	2 238	cd	BCD
A1/B2	2 234	cd	BCD
A4/B3	2 182	de	CDE
A4/B1	2 112	ef	DE
A2/B1	2 111	ef	DE
A2/B3	2 075	ef	E

（续表）

处理	均值	5%显著水平	1%极显著水平
A1/B1	2 063	f	E
A1/B3	1 851	g	F

确定收割部位：倒五叶；吐絮期收割地上部棉花植株。

通过多重比较可以看出，处理 A3/B2 收割量最多，与其他处理差异达极显著水平，即在 8 000 株/亩的密度下，从花铃期开始收割，收割量最多。

经测算，每公顷可收割棉花植株鲜重 35 000 kg，能够供 150 头羊食用 90 d。低酚棉植株与玉米、苜蓿等其他牧草相比，适口性更好，营养更丰富。研究发现经过低酚棉枝叶作为饲料喂食的奶牛，毛色变亮、体态健壮，日产奶量有所增加。

因此，低酚棉用作牧草，拓宽了棉花产业的领域，提高了棉农的收入，促进了棉花产业转型升级，推动了低酚棉产业的持续稳定发展。

谷草发酵复合菌剂及青贮谷草饲料制备新型实用技术

1. 技术概述

谷子是我国古老的作物，一直作为粮饲兼用作物在北方广泛栽培。其收获籽实之后的秸秆粗蛋白含量约为 4.53%～5.34%，粗脂肪含量约为 1.12%～1.36%，明显高于其他禾谷类作物，尤其是可消化成分高，其饲喂价值接近豆科牧草，因此一直被用于反刍动物饲养。

随着我国畜牧业的发展，对优质饲草需求量不断增加。北方主要养殖区的农牧民，越来越多的种植谷子进行饲草生产，而且发展速度不断加快。但是目前国内外对于全株谷子作为饲草的加工和利用的系统研究缺乏。为此，本技术提供一种可对全株谷子进行加工及利用的发酵复合菌剂以及制备青贮谷草饲料的方法。

本技术的有益效果在于：一是克服了传统饲料行业中不能利用全株谷子进行饲料加工和利用的不足，利用谷草发酵复合菌剂将全株谷子加工为青贮谷草，降低生产成本以及减少对原料的浪费。二是利用谷草发酵复合菌剂发酵得到的青贮谷草饲料替代部分青贮玉米饲喂奶牛，不影响奶牛的采食量和产奶量，且可以提高奶牛的乳品质。三是利用谷草发酵复合菌剂处理谷草可以实现长期保存。

2. 技术要点

(1) 谷草发酵复合菌剂

谷草发酵复合菌剂，其包括：布氏乳杆菌：8～12 重量份、产丙酸丙酸杆菌：18～22 重量份、地衣芽孢杆菌：23～27 重量份、枯草芽孢杆菌：13～17 重量份、产朊假丝酵母：13～17 重量份和黑曲霉菌：13～17 重量份。

作为优选，谷草发酵复合菌剂包括：布氏乳杆菌：10 重量份、产丙酸丙酸杆菌：20 重量份、地衣芽孢杆菌：25 重量份、枯草芽孢杆菌：15 重量份、产朊假丝酵母：15 重量份以及黑曲霉菌：15 重量份。

(2) 青贮谷草饲料

青贮谷草饲料，利用全株谷子与上述谷草发酵复合菌剂混合发酵而得到。具体制备方法如下。

①原料处理：将全株谷子晒干后，粉碎至 2～3 cm 的小段；

②菌种活化：将谷草发酵复合菌剂于 30～40℃ 的水中进行活化 0.5～1.5 h；谷草发酵复合菌剂的用量为谷草原料重量的 0.5‰～1.5‰，谷草发酵复合菌剂于水中的稀释倍数为 150～200 倍。

③混合厌氧发酵：将活化后的谷草发酵复合菌剂均匀喷洒在粉碎后的谷草中，密封

贮存，于 20～35℃、湿度 40%～60% 下厌氧发酵 4～90 d 即得。

3. 注意事项

①谷草发酵剂所用布氏乳杆菌、产丙酸丙酸杆菌、地衣芽孢杆菌、枯草芽孢杆菌、产朊假丝酵母以及黑曲霉菌均为商品菌，可由市场直接购得，所述重量份由各商品直接称量得到。

②制备青贮谷草饲料的方法中，全株谷子宜在蜡熟期收获，谷草发酵复合菌剂的最适宜用量为谷草原料重量的 0.1%，于水中的稀释倍数为 200 倍。密封后厌氧发酵 4～7 d 即可开封使用。

③该技术适宜区域为谷草种植区域。

4. 技术咨询服务机构

该技术已申请专利保护，依托于河北省农林科学院粮油作物研究所。

联系人：王昆　电话：0311-87670630

高水分苜蓿饲用枣粉窖贮新型实用技术

1. 技术概述

我国苜蓿的主要产品为干草，多采用自然晾晒法调制。苜蓿主产区雨热同期，干草调制多处于雨季，空气湿度大，难于调制，且在晾晒过程中因雨淋、落叶、长时间晾晒等因素，造成高达 30% 左右的损失。而烘干法所需设备价格昂贵，且能源消耗大，只能在有限的范围应用。苜蓿青贮是解决上述问题的理想方法。国内外苜蓿青贮研究多集中于半干青贮技术，且形成了较为成熟的技术体系，但该技术中苜蓿原料萎蔫处理仍需晾晒，存在雨淋、落叶等问题，没有从根本上解决雨季苜蓿及时收获和安全贮藏的问题。

为解决这一生产问题，河北省农林科学院农业资源环境研究所草业研究室通过近 10 年的研究，形成了一套完整的高水分苜蓿饲用枣粉混合青贮（窖贮）技术，且获得发明专利 1 项：《一种通过添加饲用枣粉改善高水分苜蓿青贮饲料的方法》（专利号：ZL 201310491565. X）。该技术已在河北沧州地区进行了规模化生产示范，并取得了良好的效果。

该技术没有原料晾晒环节，可以缩短青贮调制时间，将养分损失降低至 12% 以下（田间损失＋贮藏损失），解决了雨季苜蓿晾晒难的问题，实现雨季苜蓿的及时收获和安全贮藏，保障苜蓿的产量和质量。与干草调制相比，干物质损失减少了 70% 以上。通过苜蓿青贮饲料奶牛饲喂试验研究表明，饲喂苜蓿青贮后提高产奶 1.6 kg/头·日，纯增收 4.24 元/头·日。

2. 技术要点

（1）青贮窖的选择
①根据青贮料每天减少 20～30 cm 的断面，选择合适的立面尺寸（宽度和高度）。
②根据经验估计装填率（t/d），9d 之内装满青贮窖，计算青贮窖的适宜长度。

（2）选择禾本科干草做垫料
①选择禾科干草，按照青贮饲料标准切碎（长度控制在 5 cm 以内）。
②切碎的干草逐层铺在青贮窖底部，每层的厚度为 10～15 cm，并逐层压实。装填总厚度（压实后的厚度）为 15～30 cm。

（3）苜蓿适宜刈割期
调制高水分苜蓿饲用枣粉混合青贮饲料，原料的刈割期控制在初花期至盛花期，即植株含水量在 70%～74% 左右，此时田间苜蓿整体开花。苜蓿在初花期至盛花期调制出的青贮饲料 pH 值、乙酸含量（AA/DM%）、丙酸含量（PA/DM%）、丁酸含量（BA/

DM%）、氨态氮含量（NH3-n/TN%）均显著低于现蕾期，乳酸含量（LA/DM%）均高于现蕾期。而现蕾期刈割不能有效抑制有害微生物大发酵，营养物质损失严重。

（4）苜蓿原料刈割、切碎

刈割、切碎同时进行，使用带压扁功能的苜蓿刈割、切碎联合青贮机械进行作业。切碎长度控制在 2～3 cm。同时将原料喷洒至运输车中。

（5）运输

运输车装满原料后，尽快运至青贮窖。从装满苜蓿原料到倾倒入窖的时间不超过 6h。

（6）过称

原料入窖前，称量运输车辆及原料的重量，入窖后，再次称量运输车的重量，计算出原料重量，根据饲用枣粉的添加比例，称量出需要添加饲用枣粉。

（7）装窖

将苜蓿原料倒在青贮窖内的禾科干草上。倾倒过程运输车保持缓慢前进的状态。

（8）原料逐层平铺

用铲车或青贮专用机械，将青贮窖中的苜蓿逐层铺开，与窖底呈 30°夹角的斜面，每层厚度为 10～15 cm。

（9）饲用枣粉添加

利用喷洒装置将饲用枣粉均匀地撒在苜蓿原料层上，苜蓿原料每 10～15 cm 厚度喷洒一次枣粉，饲用枣粉适宜添加量为 4%～6%。

（10）压实

饲用枣粉添加后，进行青贮原料压实，每装填一层（10～15 cm）压实一次。压实的密度控制在 550～650 kg/m³，着重边角地带压实，不留死角。

（11）密封

青贮窖起始端装满后，开始用青贮专用膜进行密封覆盖，随着装填、压实进度逐渐向前推进，直至完成。制作过程中，只有装料及压实的斜面裸露在空气中。

（12）镇压

整个青贮窖完成后，用重物镇压在青贮膜上，避免大风将青贮膜掀开漏气，或青贮膜与青贮窖的边角因青贮料的变形而漏气、进水。

3. 注意事项

①控制饲用枣粉添加量及喷洒的均匀度，防止因枣粉过度集中造成的美拉德反应。
②对每一批饲用枣粉进行安全检测，排除不符合饲料标准的劣质枣粉。
③在镇压物与青贮膜的接触点用柔软物体进行隔离，防止青贮膜受损，延长青贮膜的使用寿命，降低青贮制作成本。
④经常对青贮窖进行检查维护作，以免发生青贮窖漏气或进雨。
⑤着重青贮窖边角的排水处理，防止发生雨水灌入现象。
⑥机械作业中，注意人员的人生安全，严格按照机械安全操作规程作业，防止发生

安全意外事故。

⑦该技术适宜区域为黄淮海平原区，同时可供华北平原其他地区、西北地区、东北地区等地苜蓿生产区参考使用。

4. 技术咨询服务机构

河北省农林科学院农业资源环境研究所

联系人：刘忠宽　刘振宇

电话：13780218715　13780219140

"粮改饲" 青贮品种津贮100推广种植简化技术

1. 技术概述

津贮100由天津中天大地科技有限公司选育，自选系"TG11"为母本，以自选系"GTX100"为父本组配的杂交组合。

该品种株型半紧凑，幼苗叶鞘紫色，株高307 cm，穗位131 cm。平均生育期102 d。持绿性好，花药黄色，花丝红色。果穗筒型，穗轴红色，籽粒黄色。该品种收获时籽粒乳线47%，两年区域试验平均倒伏率0.3%，倒折率0.7%。生产试验平均倒伏率1.89%，倒折率0.89%。

品质：2016年河北省农作物品种品质检测中心测定，粗蛋白质7.35%，淀粉27.44%，中性洗涤纤维52.17%，酸性洗涤纤维28.58%。

抗病虫性：河北省农林科学院植物保护研究所人工接种鉴定，2015年，中抗小斑病、茎腐病；感大斑病，高感丝黑穗病；抗纹枯病，高抗弯孢叶斑病。2016年，中抗小斑病，抗弯孢叶斑病，茎腐病田间自然发病表现为高抗。

产量：2015年夏播青贮玉米组区域试验，8个试点汇总8点全部增产，平均生物产量1 214.2 kg/亩，比对照雅玉青贮8号增产6.0%，差异极显著，居区试二组15个参试品种第2位。2016年同组区域试验，11个试点汇总8点增产3点减产，平均亩产生物产量1 162.6 kg/亩，比对照雅玉青贮8号增产3.7%。两年区域试验平均生物产量1 188.4 kg/亩，比对照增产4.8%。2016年同组生产试验，9个试点9点增产0点减产，平均生物产量1 129.14 kg/亩，比对照增产9.3%。

2. 技术要点

适宜种植密度4 500株/亩。足墒播种，一播全苗。亩施优质有机肥2 000～3 000 kg/亩的基础上，可一次施肥，亩施优质玉米专用肥40 kg/亩做基肥既可。或亩施磷酸二铵20 kg，硫酸钾10 kg做基肥，大喇叭口期追施尿素20 kg/亩既可。注意防治病虫害。

3. 注意事项

该技术适宜区域为河北唐山、廊坊及以南夏播区种植。

4. 技术咨询服务机构

河北玉青汇商贸有限公司　河北省农林科学院农业资源环境研究所
联系人：尹锦奇　18931221051　智健飞　13784032093

"粮改饲" 青贮品种奥玉青贮 5102 种植简化技术

1. 技术概述

奥玉青贮 5102 由北京奥瑞金种业股份有限公司选育。品种来源为：母本为 OSL019，来源为旅大红骨血缘自交系重组，多代选株自交；父本为 OSL047，来源为澳大利亚热带种质克 2133。特征：在北京地区出苗至籽粒成熟 130 d，比对照农大 108 晚 10 d 左右。幼苗叶鞘紫色，叶片深绿色，叶缘绿色。株型半紧凑，株高 305 cm，穗位 150 cm，成株叶片数 22～23 片。花药黄色，颖壳绿色，花丝绿色，果穗筒型，穗长 23 cm，穗行数 18 行，穗轴白色，籽粒黄色，粒型为半硬粒型。经中国农科院品资所接种鉴定，高抗小斑病、丝黑穗病和矮花叶病，抗大斑病和纹枯病。经北京农学院测定，全株中性洗涤纤维含量 42.77%，酸性洗涤纤维含量 21.42%，粗蛋白含量 9.43%。

2012 年参加内蒙古自治区饲用玉米生产试验，5 点平均生物产量鲜重为 6 252.6 kg/亩，比对照金山 12 增产 26.7%，5 点 5 增，居第 1 位；干重产量为 1 893.9 kg/亩，比对照金山 12 增产 11.5%，5 点 3 增 2 减，居 3 位。

2015 年引入河北进行试种，保定市清苑县试验，平均每亩生物产量鲜重 5 355 kg，比对照增产 42.5%。保定市定州市试验，平均每亩生物产量鲜重 4 869 kg，比对照增产 25.2%。石家庄市无极县试验，平均每亩生物产量鲜重 4 902 kg，比对照增产 24.5%。

2. 技术要点

适宜密度为 3 500 株/亩。适宜播期为 4 月 20 日后，5 cm 地温稳定在 12℃即可播种，足墒播种，一播全苗。亩施优质有机肥 2 000～3 000 kg/亩的基础上，可一次施肥，亩施玉米专用肥 40 kg/亩做基肥既可。或亩施磷酸二铵 20 kg，硫酸钾 10 kg，大喇叭口期追施尿素 20 kg/亩。注意防治病虫害。

3. 注意事项

该技术适宜区域为北京、天津、河北、内蒙古春玉米区，陕西关中西部夏玉米区及江苏南部、上海、广东、福建作专用青贮玉米种植，注意防止倒伏。

4. 技术咨询服务机构

河北玉青汇商贸有限公司　河北省农林科学院农业资源环境研究所
联系人：尹锦奇　18931221051　刘振宇　13780219140

雨养条件下高丹草旱作栽培种植技术

1. 技术概述

河北省作为畜牧业大省、奶业大省，对优质饲草有着客观需求。适度发展优质牧草，是开展粮改饲，促进粮食、经济作物、饲草料三元种植结构协调发展，加快发展草牧业的重要举措。高丹草为一年生暖季型饲草，为高粱不育系与苏丹草的远缘杂交种。具有抗旱、节水、耐盐、耐瘠、高产等特点，再生性强、可多茬利用。适于在黑龙港区推广利用。

经济效益：冀中南地区春播高丹草雨养条件下与比小麦+夏玉米纯效益相当。高丹草按亩产青贮鲜草 6 t，每吨 300 元，亩效益 1 800 元。纯效益较小麦+夏玉米高 81 元。按 2013—2015 年价格计算。

节水、肥、药情况：节水，春季不灌溉较小麦节水 $2\sim3$ m^3，每亩节水 $100\sim150$ m^3。种植高丹草（饲草高粱）肥料投入与冬小麦相当；比小麦+夏玉米节省了玉米一季的肥料。生长期间无需农药防治病虫害。比小麦+夏玉米省药。如在非耕地种植效益更高。

生态效益：10 月中旬前收获后，冬前形成的再生草，在冬春季节可覆盖地面，降低土壤水分蒸散，防止沙尘形成，或高丹草收获后秋季降雨条件下，种植饲用黑麦、小黑麦作绿肥，培肥地力。防止沙尘。

2. 技术要点

（1）种植模式

春、夏播均可，一般 4 月中旬后，因雨种植，等雨播种。采取直播或地膜覆盖。

（2）品种

以河北省农科院旱作所培育的国审品种冀草 2 号、冀草 4 号、BMR 饲草高粱等。

（3）种植密度

0.8 万～1 万株/亩，抽穗后（或株高 2.5 m）期刈割，留茬 $10\sim15$ cm。

（4）除草剂

采用玉米田除草剂 41%异丙草·莠可有效去除田间杂草而不影响高丹草正常生长。

（5）机械收获青贮加工

利用玉米青贮收获机即可，机械碾压对第二茬草无影响。适当晚收可直接青贮，也可与其他干草混贮。

3. 注意事项

①轮作与复种：高粱属作物一般不宜长期连作。因此一般种植三年后应与玉米实行轮作；秋季出现有效降雨条件下，也可与饲用黑麦、小黑麦进行复种，第二年春季降雨后将其灭茬作绿肥，然后播种高丹草。

②该技术适宜区域为海河平原区。

4. 技术咨询服务机构

河北省农林科学院旱作农业研究所

电话：0318-7920316

老苜蓿地切根追肥一体化新型实用技术

1. 技术概述

该技术核心是利用破土切根施肥机实施老苜蓿地破土切根，同时追施苜蓿专用肥，以促进新根系的发生和植株健壮生长，达到老苜蓿地复壮和健康生长。采用老苜蓿地破土切根复壮技术，示范区 7 年的旱地苜蓿地生产力水平仍维持在 15 000 kg/hm² 以上的干草产量，复壮效果显著。

与对照（未进行切根追肥施药）相比，7 年苜蓿地实施切根追肥施药后，全年干草产量平均提高 18.54%～37.82%，同时苜蓿品质也有明显改善，主要表现在茎叶比下降。本技术应用需要配套苜蓿地破土切根施肥机，主要适用于 5 年以上的老苜蓿地。

2. 技术要点

（1）切根时间

黄淮海平原区苜蓿破土切根时间以第二茬苜蓿刈割后最佳，其次为第三茬苜蓿刈割后；而第一茬苜蓿刈割后、最后一茬刈割后破土切根均较对照产量明显下降。从茎叶比指标来看不同破土切根处理间茎叶比也表现了一定差异，基本上是合理的破土切根时间处理茎叶比均较对照有所下降，即合理的破土切根一定程度上提高了苜蓿草的营养品质。

（2）切根深度

黄淮海平原区苜蓿破土切根深度处理均较对照产量明显增加，但以破土切根深度 10 cm、15 cm 最佳。如果仅从追求产量角度看，以破土切根深度 15 cm 最佳；如果综合考虑产量及机械作业成本，以破土切根深度 10 cm 最佳。

因此，综合产量及苜蓿品质，黄淮海平原区老苜蓿地破土切根的适宜时间为第二茬苜蓿刈割后和第三茬苜蓿刈割后，切根深度 10～15 cm。

（3）追肥

边破土切根，边追肥。一般以追施苜蓿专用肥为宜，每公顷追施量为 225～300 kg；也可以追施磷钾复合肥，每公顷 150～225 kg，同时每公顷补施 45～75 kg 尿素。

（4）破土切根追肥方式

采用专用机械，一般采用中小型破土切根机，机上同时安装有追肥装置。采用专用设备作业质量好、作业效率高。

3. 注意事项

①本技术主要适用于 5 年以上的老苜蓿地，幼龄苜蓿地不宜采用。

②老苜蓿地破土切根时间很关键，一定选在水热条件好的季节进行，有利于根系再

生和植株快速生长。

③破土切根深度不宜过浅，也不能过深，过深容易破坏主根，一般以 10～15 cm 为宜。

④破土切根同时最好结合追施肥料，以加速根系和植株快速再生和生长。

⑤该技术适宜区域为黄淮海平原区，同时可供西北地区、东北地区参考应用。

4. 技术咨询服务机构

河北省农林科学院农业资源环境研究所

联系人：刘忠宽　刘振宇　电话：13780218715　13780219140

耐盐苜蓿新品种中苜 3 号种植技术

1. 技术概述

以中苜 1 号为亲本材料，在含盐量为 0.21%～0.46% 的盐碱地上，通过盐碱地表型选择，耐盐性一般配合力的测定，让其中分枝多、叶片大、耐盐性一般配合力较高的植株相互杂交，完成第一次轮回选择。然后又经过二次轮回选择、一次混合选择、品种比较试验、区域试验、生产试验得到耐盐苜蓿新品种。该品种有侧根发达、生长迅速、分枝多、高产和早熟、耐盐等特点。一年可以刈割 4～5 次，侧根株数占总株数的 31.3%，比中苜 1 号苜蓿提高 21.7%，比保定苜蓿提高 23.2%。适宜在华北地区种植，不仅适用于黄淮海平原勃海湾一带以 Nacl 为主的盐碱地，而且在内陆盐碱地种植表现也很好。在黄淮海平原、渤海湾一带年刈割 3～4 次，亩产干草 1 000 kg/亩左右。

2006 年经全国牧草品种审定委员会的审定，登记为育成品种，填补了我国黄淮海地区长期以来缺乏高产苜蓿品种的空白。

2002 年 9 月在河北南皮试验地开始品种比较试验，中苜 3 号苜蓿连续 4 年产量与中苜 1 号相比均达到显著差异，其干草产量 4 年平均达 1 081.7 kg/亩，比中苜 1 号产量提高 10.8%～17.7%，该品种在河北南皮县表现出较好的耐盐性与适应性。中捷农场区域品种试验的产量比较分析结果表明：中苜 3 号苜蓿连续 3 年干草产量与中苜 1 号相比均达到显著差异，其干草产量 3 年平均达 1 059.7 kg/亩，比中苜 1 号产量提高 15.4%。山东东营试验点 3 年的区域试验结果表明：在旱作条件下，中苜 3 号每亩产干草 3 年平均 981.8 kg，比中苜 1 号产量提高 11.8%，差异达到显著水平。在河北黄骅试验点生产试验表明：中苜 3 号苜蓿连续 3 年干草产量与中苜 1 号相比均达到显著差异，其干草产量 3 年平均达 1018.4 kg/亩，比中苜 1 号产量提高 12.6%，该品种在黄骅地区盐碱地表现了较好的适应性。

2. 技术要点

苜蓿秋播最佳时期为 8 月 10—15 日，适宜播期在 9 月 15 日前，亩播种量一般为 1.0～1.5 kg/亩（种籽的发芽率要在 95% 以上），每亩施农家肥 1～2 m³，过磷酸钙 50～100 kg 做底肥，或 30 kg 二铵和 20 kg 尿素。同时做好田间各项技术管理。

（1）中耕除草

为保证苜蓿饲草的质量和纯净度，达到国内外市场商品草的要求标准，以及种植户的直接经济效益，中耕除草的田间管理尤为重要，因而在苜蓿生长的各个阶段要及时进行中耕除草，做到地无荒草，确保收购工作和出口质量的要求（杂草含量 5% 以下）。

（2）追肥

每年第一次刈割后，进行一次追肥作业，每亩追施尿素 2.5～5 kg，氯化钾 2～

4 kg，磷肥 10 kg。

（3）查苗补种

出苗后要及时检查出苗情况，发现大面积缺苗垄断的地方，要及时补种，补种方法多采用雨后补种。

（4）病虫害防治

苜蓿常见的害虫主要有：蚜虫、蓟马、地老虎、棉铃虫等，但一般年份不会造成为害。特殊自然条件下，如有虫害发生，应针对实际情况对症防治。

3. 注意事项

①苜蓿种植选地不宜在刚翻压的老苜蓿地上，老苜蓿地至少要与禾谷类作物轮作一年，才能重新种植。种植前要精细整地，要耱平、压实，使地面平整，无坷垃，有利于后期刈割打捆和排水作业。

②蒸发量大的旱作农业区播种时，要采取深开沟浅浮土的播种技术，目的是保墒，促进苜蓿出苗。

③播量过大将会影响大田的群体生长，苗细、苗弱，同时过密植株会发生底部黄叶和落叶的问题，天气潮湿的情况下甚至会在底部形成霉斑，影响采食家畜的健康。

④该技术适宜区域为山东、河北以及甘肃、内蒙和东北等地盐碱地和中低产田。

4. 技术咨询服务机构

中国农业科学院北京畜牧兽医研究所　河北省农林科学院农业资源环境研究所

盐碱旱地苜蓿人工草地建植与合理利用新型实用技术

1. 技术要点

（1）播种方式

盐碱旱地以条播方式为主，不适宜撒播，条播行距 25～30 cm。

（2）播种量

盐碱旱地苜蓿净子播种量为 1.5～2.0 kg/亩，盐碱度高的适当加大播种量。

（3）播后、播前镇压

盐碱旱地墒情一般较差、土壤整地后悬松，一般在播前和播后各进行一次镇压，以利于播种和出苗。

（4）播种深度

盐碱旱地苜蓿播种采取深开沟、浅覆土的方式，开沟深度一般 3～5 cm，覆土厚度 1.5～2 cm。

（5）底肥

在耕翻灭茬前每亩施优质腐熟农家肥 2 000～3 000 kg，磷肥（P_2O_5）9.6～14.4 kg（折合过磷酸钙 80～120 kg），氮肥（N）4.6～11.5 kg（折合尿素 10～25 kg）；或亩施磷酸二铵 45～55 kg。

（6）追肥

适时追肥，一般以磷肥为主，每亩追施磷酸二铵或苜蓿专用肥 10～15 kg。

（7）排水

盐碱地雨季容易积水，注意及时排水防涝。

（8）中耕、除草、治虫三位一体技术

该技术核心是利用拖拉机带铁齿耙（1.5 m 宽、13～15 个耙齿）实施 2 年以上苜蓿地耙地、中耕除草，同时结合追肥、打药，达到追肥、治虫、除草、复壮一体化的草地管理效果。

（9）刈割

盐碱旱地苜蓿根系生长慢、根系系统不甚发达。1～2 年苜蓿地每年至少有一茬要推迟到初花期刈割，以利于养根；其他情况下一般以现蕾—见花期刈割为佳；每年最后一茬刈割在冬前停止生长前 30 d 以上进行；刈割留茬高度以 3～5 cm 为好，最后一茬

留茬高度 8～10 cm。

3. 注意事项

①盐碱旱地夏末秋初如果土壤含水量过高，整地非常困难，在此情况下一般进行春季播种为好。

②盐碱旱地表层土壤含盐量高，不适宜撒播。

③最后一茬苜蓿在冬前停止生长前至少 30 d 进行刈割，留茬高度 8～10 cm。

④该技术适宜区域为河北省滨海盐碱地区，同时可供天津、山东等类似地区参考。

4. 技术咨询服务机构

河北省农林科学院农业资源环境研究所

联系人：刘忠宽　13780218715　刘振宇　13780219140

第六部分
其他技术类

华北地区冬小麦杂草秋治技术

1. 防治方法

（1）防治适期

一般在 11 月上中旬，选择晴天、无风或微风，日最平均气温 10℃ 以上且 3 d 内无霜冻和阴雨天气时施用，以上午 10 点后下午 3 点前为宜。此时为小麦 4～5 叶期，禾本科杂草 2～4 叶期，喷药时间。小麦播种在 10 月 25 日以后建议来年早春小麦返青至起身期，温度适宜，杂草长出进行药剂防治，越早越好。

（2）严格控制用药量和加水量

以猪殃殃等恶性阔叶型杂草为主的田块，亩用 75% 阔叶散干悬浮剂 2.7～3.1 g，加水 30～45 kg 全田均匀喷雾；以荠菜、播娘蒿等杂草为主的田块，亩用 10% 苯磺隆可湿性粉剂 10～15 g，加水 30～45 kg 喷雾；以雀麦、节节麦等禾本科杂草为主的田块，亩用亩选用 6.9% 骠马水乳剂 40 mL 或 3.6% 阔世玛水分散粒剂 20～25 mL 加专用助剂 80～100 mL，加水 30～45 kg 喷雾。

2. 防治时注意事项

①选用性能好的喷雾器，避免喷雾器"跑、冒、滴、漏"现象，选择扇形雾喷头、雾化好的喷雾器，均匀喷施，不能漏喷、重喷。喷施除草剂的喷雾器，要尽量做到专用。对剩余药液，不要嫌浪费，绝对不能再重复喷施到已喷过药的麦田中。

②需采取二次稀释法配制药液。先把药剂放入到瓶子中，再加入适量的水轻轻搅动，使药剂完全化开，配成母液；然后在喷雾器里加入部分水，按每桶实际的用药量加入配好的母液，再加满水，搅拌均匀后喷施。

③不能随意与其他药剂混用。如防治禾本科杂草的世玛可与苯磺隆混合使用，但必须现配现用；不能与 2,4-D 及含有乙羧氟草醚成份的除草剂混用，以防发生药害。

④小麦品种的选择。有些小麦品种（如师滦 02-1 等）对防治禾本科杂草的除草剂比较敏感，不宜喷施，或使用前先进行小范围安全性试验，确定安全无害后再大面积施用。

⑤根据苗情使用。世玛适宜在生长健壮的"一、二类麦田"使用，"三类麦田"以及遭受冻害、病害、渍涝和营养不良的弱苗麦田，不宜使用。

⑥施药时应做好防护工作，戴手套、口罩等。同时要注意风向，防止药液飘移造成附近田块的果树、蔬菜等作物产生药害。

（注：本技术由赵存鹏等原刊载于 2016 年第 20 期《现代农村科技》）

麦后移栽棉栽培技术

1. 技术概述

麦后移栽棉两熟种植模式是一种高投入、高产出的粮棉双丰技术，麦后移栽棉可在保证小麦高产的同时，大幅提高后茬棉花的产量，同时提高棉花的霜前花率。小麦品种选用产量潜力大的品种，正常收获，棉花品种选用中早熟杂交种，5月中旬育苗，小麦收获后移栽，通过一系列促早催熟栽培技术，使得小麦产量达到 500 kg/亩以上，棉花产量达到 250～275 kg/亩。

2. 技术要点

（1）棉花育苗移栽技术

①品种选择。

选择生育期 120 d 左右的中早熟品种，如冀杂 2 号、冀 228 等。

②穴盘育苗播种。

一般采用 72 孔穴盘，棉花专用育苗基质，每袋 50 L 可装 15 盘；利用小拱棚或大棚，建立基质育苗苗床，播种前一周做好苗床，床面宽约 1.3 m，可横放 2 排穴盘苗床长度按育苗数量而定，床面整平拍实后铺上一层地膜。

育苗时间掌握在 5 月中旬，移栽前 30 d 左右；装盘前一天将基质喷水拌匀，含水量调节到 50%～60%，以手捏有水流出、30 cm 高处落地即散为度，在基质蓬松状态下装盘，用木板刮平，装好后 5～6 盘摞放在一起，轻轻按压，使每个穴孔压出一个 2 cm左右的深坑。

播种时把棉种平放在穴孔中央，一穴 2 粒，盖上一层基质，再撒上蛭石用木板刮平，将穴盘整齐地排放在苗床上，在苗床上摆满穴盘后再喷一次小水，喷湿为宜，否则影响出苗，待表面水下渗后在穴盘上及时覆盖一层地膜保墒增温。

③苗床管理。

揭膜脱帽：播种 3～4 d 后要及时查看苗情，当有 50%～60% 发芽出土时，揭去地膜，使小苗见光绿化，如有子叶带帽出土，要及时人工"脱帽"。

喷叶面肥：80% 左右棉苗子叶平展时，选择晴天上午喷施叶面肥，促进棉苗矮壮。

通风降湿：播种至齐苗期苗床温度保持在 28～33℃，2 片真叶到移栽，床温调控在 25℃左右。

基质保湿：播种后保持基质湿润是基质穴盘育苗实现苗齐苗壮的关键，穴盘排放时要尽量保持水平，保证穴盘基质水分均匀。

补充水分：如 4～5 d 仍未出苗要及时补充水分，出苗后，当基质表面呈干燥疏松状态时要及时用喷壶浇水，2 片真叶以后适时喷施叶面肥补充养分。

病害防治：基质育苗在苗期较少发生病虫害，可根据情况适当喷施1~2次多菌灵，预防苗病。

通风炼苗：基质育苗根系发达，在穴盘内生长可盘结成紧实的根坨，起苗前7~10 d，苗床不再灌水，开始通风炼苗。

起苗前喷水：起苗前1 d必须喷施适量水，起苗时要连同基质一同取出，减少根系损伤，保证移栽后棉苗尽快恢复生长。

④移栽。小麦收获后迅速旋耕灭茬，结合整地亩施复合肥（15-15-15）50 kg，同时进行开沟，沟距60~70 cm，开沟深度7 cm，采用半自动移栽机进行移栽，株距20~25 cm；移栽后即灌水一次。

⑤前期管理。移栽后一周要喷施叶面肥促进棉苗生长；缓苗期正值6月中下旬干旱少雨，要特别注意预防蚜虫、红蜘蛛等虫害，发现后采用吡虫啉、阿维菌素等药物防治；现蕾后棉花生长发育加快，光热充足，棉花易出现旺长，要及时整枝。盛蕾期更要注意化控，亩喷缩节胺1.0 g，若棉花生长过旺，可加大缩节胺用量；及时中耕以起到保墒、促进棉花根系生长的作用。

⑥中期管理。麦后移栽棉成铃期短，因此要保证棉花的水肥供应，遇旱要及时灌水，结合灌水追施尿素10 kg/亩；移栽棉可留果枝12~13个，掌握在7月25日前打完顶心，不可过晚；花铃期虫害较多，要注意防治棉盲蝽、蚜虫、棉铃虫等。

⑦后期管理。麦后移栽棉花生育期推迟，以伏桃、秋桃为主，须喷施乙烯利，喷施时间要在10月上旬，喷施量为40%乙烯利水剂300~400 g/亩。10月20日拔棉柴整地，准备播种小麦。

（2）小麦田间管理技术

①播种。采用产量潜力较大的小麦品种，棉花吐絮基本完成后，及时拔除棉柴，争取小麦早播；播种量每亩35~40 kg，保证小麦每亩基本苗35万~40万株；播种深度2~3 cm，并注意查苗补苗，若播深3 cm以上，胚芽鞘不能出土，影响小麦产量，同时麦畦要刮平，畦埂不能太宽，为下茬棉花顺利机播创造条件。

②药剂拌种。用种子量0.3%的多菌灵、三唑酮拌种，可有效地预防小麦根腐病、赤霉病、纹枯病等病害发生。用小麦拌种剂拌种，可防治蝼蛄等地下害虫为害。

③施肥。用小麦测土配方涂层缓释一次肥，能使小麦高产不早衰，提前2 d成熟，为夏棉播种争取主动。用量每亩50~60 kg一次底施，全生育期不再追肥。若是秸秆还田地块每亩应再加尿素7.5 kg，促进上茬作物秸秆迅速沤熟，防止它与麦苗争氮。

④浇好冻水。在小雪前后，夜冻日消时进行冬灌，使麦苗安全越冬，同时可推迟浇返青水，避免降低地温，抑制春季无效蘖，促进根系下扎，防止小麦后期早衰，为高产争取主动。

⑤病虫害防治。小麦病毒病可进行药剂拌种，并在苗后和早春喷施辛硫磷、蚜虱净，可加入病毒A、硫酸锌等，防治好麦田灰飞虱和麦蚜，切断毒源，减轻危害；小麦赤霉病在齐穗后扬花前和灌浆期，用多菌灵纯品1 000倍液或50%多菌灵可湿性粉剂500倍液喷雾防治；在气温8~11℃时，注意查治麦田红蜘蛛，当百株虫量超过20头，可用1.8%阿维菌素2 000倍液喷雾防治；在4—5月，防治好小麦吸浆虫和麦蚜。

⑥浇好拔节水和麦黄水。在 4 月 20 日以后，要及时浇好小麦拔节水，到 5 月中下旬浇好麦黄水，为小麦丰产丰收奠定良好基础。

⑦收获灭茬。在小麦蜡熟期，小麦成熟时及时收获，防止养分倒流引起减产，确保小麦丰收，收时注意留茬，高度要低于 15 cm，麦秸要随时粉碎，以利夏棉播种。

3. 技术效果

亩产小麦 500 kg 以上，亩产籽棉 250~275 kg。

4. 适宜区域

该技术适用于河北省南部地区。

（注：本技术由李智峰等原刊载于 2015 年第 1 期《现代农村科技》）

夏玉米苗期主要病虫草害防治技术

冬小麦-夏玉米是黄河流域地区主要的种植模式，在夏玉米种植过程中，苗期病虫草害的发生种类较多，对玉米的为害也较大，在当前推广的精量播种的情况下，经常造成缺苗、死苗、断垄，最终导致产量下降，效益降低。其主要防治措施如下。

①苗期的病害种类很多，包括，根腐病、苗枯病、丝黑穗病、粗缩病等。近年来黄河流域地区发生较多，为害较大的是玉米粗缩病，俗称"万年青"。它是由玉米粗缩病毒（MRDV）引起的玉米病毒病，由灰飞虱进行传播。当玉米出苗后，小麦和杂草上的带毒灰飞虱就会迁飞至玉米上取食，进而传播病毒，引起玉米发病，主要防治措施是选用适宜的种衣剂进行包衣，并在玉米出苗后，结合其他害虫进行药剂防治灰飞虱，以减少病毒的传播介质。在苗期发现粗缩病苗，应及时拔出并在田园外销毁，减少病毒的寄主。

②玉米苗期的主要虫害有蓟马、耕葵粉蚧、地老虎、黏虫、灰飞虱及近年来为害严重的二点委夜蛾等。玉米种子包衣及二次包衣是防治苗期害虫最主要也是最为有效的办法，它能够减轻害虫对玉米苗期的为害。在3～5叶期时，傍晚对玉米全田（包括地边、地埂）进行喷雾防治，药剂可选用高效氯氰菊酯、毒死蜱、敌百虫等广谱性药剂。

③玉米田除草主要采用玉米播后苗前及出苗后3～5叶两个时期进行防治，酰胺类除草剂可以被杂草芽吸收，主要杂草发芽前进行土壤封闭处理，如乙草胺、丁草胺等。而三氮苯类和磺酰脲类除草剂在玉米苗期进行使用，市场上使用最多，对玉米较为安全的是莠去津和烟嘧磺隆。目前市场上销售的玉米除草剂主要是混合制剂，乙阿合剂、乙莠悬浮剂，可以用于玉米播后芽前、玉米苗后早期防治一年生禾本科杂草和阔叶杂草；而烟密.莠去津不仅可以有效防治多种一年生杂草，而且可以防治多年生禾本科杂草和莎草科杂草，对玉米和后茬作物安全，但使用前后不能与有机磷类杀虫剂混合使用。值得注意的是除草剂用量要严格执行使用说明规定的标准，不得随意加大用药量，以免对玉米及下茬作物造成影响；土壤封闭的无秸秆还田的用药液量应不少于30 kg/亩，秸秆还田的应不少于45 kg/亩；茎叶处理的用药液量，在杂草小时应不少于30 kg/亩，杂草大时应不少于45 kg/亩。若玉米田周围有双子叶的农作物（棉花、豆角等）则一般不使用除草剂，以免对周围农田造成药害。

（注：本技术由赵存鹏等原刊载于2016年第12期《现代农村科技》）

青贮玉米栽培管理技术

1. 品种选择

要根据不同地区积温、降水、灌溉、土壤肥力、种植制度等条件，合理选择适宜品种。一是要选择单位面积产量高的品种。品种应具备植株高大、茎叶繁茂、抗倒伏、抗病虫和不早衰等特点。二是青贮玉米品种还要具有消化率、淀粉、可溶性碳水化合物、蛋白质含量高，纤维素和木质素含量低等特点。

目前适宜河北省的专用型青贮玉米品种有金岭青贮 17、金岭青贮 10、雅玉青贮 79491、雅玉青贮 26、京科青贮 516 等。种子质量要符合 GB 4404.1 二级以上。

2. 整地

春播区，秋季翻地，深度 20 cm 左右。播前结合施基肥浅耕一次，耕深 15～18 cm，耕后及时耙糖。夏播区，小麦收获后贴茬播种，不需要整地。

3. 播种

（1）种子处理

未包衣种子可选用 50% 辛硫磷，40% 甲基异柳磷或 50% 甲胺磷等农药按种子重量的 0.2% 拌种。

（2）播种时间

在适期播种范围内尽量早播。

春播播期一般为 5 月 10—25 日。如墒情好，平均地温达 10℃ 以上时，可提前至 5 月 5 日左右。

夏播播期为冬小麦收获后进行贴茬播种，一般在 6 月中旬。

（3）播种方法

采取机械点种，每穴 2～3 粒。播种量 3～4 kg/亩。播种深度 4～5 cm。株距均匀，覆土要严。播后镇压。

（4）播种方式

采取等行距或宽窄行种植。等行距一般为 40～50 cm；宽窄行种植，宽行行距 60 cm，窄行行距 40 cm。株距要均匀，株距 25 cm 左右。

（5）合理密植

根据品种特征特性确定。紧凑型品种一般 5 500～6 000 株/亩。半紧凑型品种一般 4 500～5 000 株/亩。

4. 田间管理

（1）补苗、定苗

①玉米顶土出苗后，要及时查苗，如缺苗，或催芽补种，或移栽，确保每亩株数。

②当玉米 3～4 片叶展开时，结合浅中耕间苗。

③当 5～6 片叶展开时，结合深中耕定苗。

（2）化学除草

每亩用 40%乙莠水悬浮乳剂 200 mL，兑水 50 kg，在玉米播后出苗前喷施；或每亩用 50%的都阿合剂 150 mL，兑水 750 kg，在玉米 4 叶期前喷施，喷施时避开心叶。

（3）施肥

①基肥。结合播前整地基施有机肥 2～3 m³/亩，施种肥磷酸二铵 10～15 kg/亩，尿素 15～25 kg/亩。

②追肥。拔节期追施尿素 10～15 kg/亩，有灌溉条件时可随水追施。

（4）灌溉

有灌溉条件的地块，玉米拔节至开花期浇 1～2 次水，此期间应保证田间持水量达到 70%。

5. 收获

（1）适时收获

一般在乳熟末期至蜡熟前期收获，保证干物质含量在 32%以上。这时茎叶青绿，籽粒充实，植株中含水分较多，不仅青贮产量高，而且青贮饲料质量好。

（2）合理留茬

青贮玉米收割时需注意保持足够的留茬高度，较高的留茬高度虽降低了干物质收获量，但提高了营养和消化率，同时也可减少从泥土中带梭菌到青贮的风险。一般留茬高度 15 cm 左右。

（注：本技术由刘忠宽等原刊载于 2016 年第 6 期《今日畜牧兽医》）

冀南地区棉花播种技术

冀南地区属暖温带半湿润大陆性季风气候区，四季分明，是棉花种植的适宜地区。该地区常年棉花种植面积约 200 万亩，素有"冀南棉海"之称。近几年，随着农业产业结构的调整，棉田面积逐年下降，春棉大多集中于种植粮食效益较低的涝洼地、旱薄地和盐碱地。为此，加强棉花播前准备和适时播种，创造有利于棉花播种出苗的各项条件显得尤为重要。现将冀南地区棉花播种技术概括如下：

1. 备播要点

（1）浇足底墒水

地块播种前灌溉用水称为底墒水。浇足底墒水是保证棉花适时播种、一播全苗、促壮苗早发的有效措施。春灌一般可在土壤刚解冻后开始，最晚要在播种前半月结束，这样有利于地温回升，保证适时播种、苗全苗壮。

（2）施足肥料

要确保棉花高产，首先应该增施基肥，培肥地力。现在种植棉花的大部分地块有机质缺乏，地力不足。应按照增施有机肥、稳氮磷、补钾的原则科学配方，平衡施肥。一般每亩施优质农家肥 2 000～2 500 kg、尿素 15～20 kg、磷酸二铵 25～30 kg、硅钙镁钾肥 25 kg。

（3）深耕整地

棉田在播种前要进行深耕，一般春耕以 15 cm 左右为宜，结合施肥进一步整好地，整地质量要求上虚下实，经过犁、耙、人工平整等作业，使土壤平坦，地表无垄起和明显凹坑，表层无直径超过 2 cm 的土块。同时可使播种时土壤保持适当的含水量，有利于种子发芽和防旱保墒。

（4）种子处理

所选品种应为单株结铃性强、抗病虫、脱绒包衣且适合当地种植的优良品种为主。播种前要进行 3～5 d 晒种，以使种子休眠打破，促进种子后熟。未包衣的种子，播种前可浸种；但经过包衣的商品种子，播种前切勿浸种。

2. 播种时间

当 5 cm 地温稳定通过 16℃或 20 cm 地温达到 16.5℃时即可播种。播种前要注意收看当地气象台的天气预报，避开晚霜。正常年份，中晚熟抗虫棉品种，冀南地区每年谷雨前后（4 月 10—20 日）为盖地膜棉适宜播期范围。在播期范围内，应尽量缩短播种时间，争取把棉花播种在最佳适期内，以利于实现一播全苗。

3. 播种技术

结合冀南地区棉田每年的种植情况，应采取保密度扩行距的机械化播种方式，可降低伏前桃腐烂程度，以提高产量。建议：棉田宽窄行种植，宽行距 80～100 cm，窄行距40～50 cm 或 80 cm 等行距种植，亩留苗 3 500～4 000 株。经过脱绒包衣的光子可采用精量播种，播种量应控制在 1.5～2.0 kg/亩，条播每米内应有饱满成实种子 25 粒左右，穴播每穴可播种 3～5 粒；籽棉种条播每米内应有饱满成实种子 50～60 粒，穴播每穴可播种 5～7 粒，播种量可掌握在 2～3 kg/亩。一般播深 3 cm 左右，对于墒情较好、土质粘重、盖地膜的棉花播种宜稍浅，反之应稍深。但应注意避免播种过深出苗困难，过浅则带壳出土或易落干。采用棉花播种机播种后覆膜前，采用机械自动喷施二甲戊灵或乙草胺封闭防除杂草技术。使用除草剂，一定要严格按照说明书掌握使用浓度，防止漏喷或重喷，以免造成棉田杂草丛生或幼苗除草剂药害。

（注：本技术由赵贵元等原刊载于 2017 年第 4 期《河北农机》）

河北省棉花生产全程机械化管理技术

1. 品种选择

适宜机采的棉花配套品种培育是实现棉花生产全程机械化的首要问题，机采型品种应满足以下条件。

①早熟，减少因喷施脱叶剂造成的产量损失，提高棉花品质。

②株型紧凑，最好是筒型，第一果枝离地高度>20 cm，棉铃在棉株上、中、下分布均匀。

③对脱叶剂、催熟剂敏感，成熟期一致，提高一次性采净率。

④吐絮畅，不夹壳，含絮力适中，减少挂枝棉、遗留棉、撞落棉，提高采净率。

⑤抗倒伏，减少扶禾器对棉株的碰撞，降低撞落棉。

⑥纤维较长（≥30 mm），断裂比强度大（一级≥30 cN/tex，二、三级≥28 cN/tex）。

2. 种植模式

在既保证产量又适合机械化作业的前提下，农机农艺融合，确定最合理种植行距。目前新疆生产建设兵团机采棉棉区均采用适应采棉机采收结构的（66+10）cm 带状种植方式，而河北棉区常规种植采用大小行，行距为 90 cm、45 cm，理论株数在每公顷约 6 万株，此种植模式不适宜机械化采收。河北棉区适应机械采摘的种植模式应依据棉花品种的株型而定，松散大棵品种采用 76 cm 等行距；株型紧凑小棵品种采用（60+16）cm 带状种植。

3. 播种机械化

（1）做好土地平整

土地平整是棉花机械化播种的基础，首先要清除棉田杂草，施足底肥。一般情况下 1 亩施优质土杂肥 30~45 m³ 或秸秆还田 5 250~6 000 kg、尿素 150 kg 左右、钾肥和磷肥 600 kg。若施用高含量的三元复合肥，1 亩以 375 kg 为宜，再配施钾肥 150 kg。机械化深耕或旋耕深松，犁耕深度应达到 22 cm 以上，机械深松深度 35~50 cm。整地后土壤要疏松细碎均匀，地表平整，土块直径不得大于 3 cm，土层上虚下实，虚土层厚度 8~10 cm，无残根、残株和杂草等杂物。

（2）选择高质量棉花种子

棉花是自我补偿自我调节能力非常强的作物，对密度有很宽泛的适应性，对于一穴多株也有一定的调节能力，棉花产量在一定的密度范围内不会变化，这为精量播种减免间定苗提供了理论依据。河北省棉区选择高质量棉种，通过精量播种机精播，减免间定苗，完全可以实现 5.0 万~11.0 万株/hm² 的密度。

（3）选好配套机具

目前常用的棉花铺膜播种机主要有 2BMG 系列、2BMZ 系列、2BMP22 系列、2BMS2A 系列、2MF2IB 型、2MB21 型等机具，配套动力为 11.1～13.3 kW 以上拖拉机。这些机具可一次完成平整地、作畦、施肥、镇压、喷除草剂、穴播、铺膜、覆土等多项作业。

（4）播种技术要求

铺膜要平展、严实、紧贴地面。埋膜要严实，膜边入土深度（5±1）cm，漏覆率<5%，破损率<2%，贴合度>85%。每穴（4±1）粒的穴数不少于总穴数的70%，种子机械破损率<1%，行距偏差<2 cm，穴距偏差<1 cm，空穴率<1%，孔穴覆土厚度 2～3 cm，漏覆率<1%，要求下籽均匀，覆土良好，镇压严实，播深应符合本地农艺要求。施肥要达到规定的施肥量和施肥深度，排肥均匀一致，深施种肥要求在播种的同时，将化肥施到种子下方或侧下方，种肥距保持在 3～5 cm。

4. 棉花田间管理机械化技术

棉花是中耕作物，田间管理作业项目有中耕追肥、植保、灌溉、整枝打顶、脱叶催熟等多项作业。

（1）棉花中耕机械化技术

行间中耕要求铲除杂草，疏松土壤，一般要求苗期、蕾期、花铃期各进行一次，中耕深度逐次由 8 cm 增加到 15 cm，做到耕层表面及底部平整，表土松碎，不埋苗、不压苗、不损伤茎叶。行间追肥要适时、适量、均匀，一般在定苗期、现蕾期、初花期各追一次肥，施肥深度 8～14 cm，距苗行 10～15 cm，不漏施。行间开沟深度 10～20 cm，沟宽 30 cm 左右，做到沟深一致，培土良好，不埋苗、不伤苗。中耕追肥机的主要机型有：ZFX-2.8 型悬挂式专用中耕追肥机，2BZ-6 型播种、中耕通用机，2BMG-A 系列铺膜播种中耕追肥通用机等。前期中耕追肥时，可用普通中型轮式拖拉机作为配套动力，后期因棉株长高并封垄，需用高地隙轮式拖拉机作配套动力，并在轮上加装护罩，以免在作业中损伤果枝。

（2）棉田植保机械化技术

植保机械化技术用于棉花的病虫害防治、化学除草和喷施缩节安等生长调节剂。常用的代表机械有：北京市植保机械厂、山东临沂农业药械厂等生产的 WFB-18AC、18BC、18A3C 型等背负式喷雾喷粉机；苏州农业药械厂等生产的 3WF-7 型压缩喷雾器；上海前进微电机厂生产的 3WCD-5A 型手持电动超低量喷雾器；新疆石河子植保机械厂、河北邯郸农业药械厂生产的 3W-800、1500、1700、2000 型机引喷杆式喷雾机；农用飞机配喷雾喷粉设备。用户可根据经营规模、棉花不同生长期病虫害、灾情发生的程度，选用相应的植保机械。

5. 棉花采收机械化

在保证品种、种植模式及相应的机械化农艺配套技术均符合机采棉要求的前提下，选用适用性好、价格合理的采棉机，进行棉花机械采摘。目前采棉机主要生产厂家是美国约翰迪尔公司和凯斯公司，新疆通过对原苏联全套棉花田间生产机械化设备引进、消化和再创新，开发了 CMX—2.8 垂直摘锭采棉机、棉桃收获机等多种棉花收获机械，并开始部分投入生产使用；贵航农机装备有限责任公司在关键技术引进的基础上开发了 4MZ-3、4MZ-5 型采棉机。目前国产采棉机的采棉头均是仿制或直接进口，所以国内采棉机在很长的一段时间内，其研究的重点应该是突破棉花采摘技术，研制出能提高棉花采收率、减少含杂、提高棉花品质的采棉头，在此基础上，向宽幅折叠采收机甚至计算机识别技术方向发展，实现棉花的定向高效采收，提高棉花的收获质量。

（注：本技术由耿军义等原刊载于 2014 年第 22 期《现代农村科技》）

盐碱地棉花氮肥高效利用技术

1. 增施叶面肥，根叶同补

棉花生育期长，中后期养分需求量大，而生长后期根系活力下降，特别是在盐碱地土壤中氮等养分的有效性差，容易出现养分胁迫。采用叶面施肥，养分不经过土壤作用，避免了土壤固定和淋溶等损失，养分利用率有较大幅度的提高。一般土壤施肥当季氮利用率只有 25%～35%；叶面施肥在 24 h 内即可吸收 70% 以上，而且肥料用量仅为土壤施肥量的 1/10～1/5。喷施叶面肥能有效提高棉花在盐碱地中氮肥的利用率。

2. 氮肥分施

氮肥分施能有效促进棉花氮素和生物量的积累，保护膜结构及其功能的稳定性，从而减轻盐害。当植物处于逆境条件下，植物体内清除活性氧的关键酶 SOD 和 POD 相对活性下降，大量活性氧的产生，会对细胞造成伤害，膜脂过氧化产物 MDA 迅速增加，衰老加剧。施氮虽不能抑制因盐害造成的衰老，但能有效提高作物的抗逆性，减缓衰老，在植株快速积累氮素和生物量的时期，氮肥分施能提高 SOD 和 POD 活性，适量氮素供应可提高棉花生育后期叶绿素含量，更好地满足源库关系；同时氮素能促进根系细胞分裂素向地上部运输，减缓衰老，提高抗逆性。

3. 施用缓/控释肥

缓/控释氮肥作为一种新型肥料，能在棉花生育时期平稳地释放氮素，使植株缓慢积累氮素，延缓叶片和植株的衰老，提高耐盐性。缓/控释氮肥可增加中后期棉花叶肉细胞 PSⅡ实际光化学效率（ΦPSⅡ）和 PSⅡ潜在光化学活性（Fv/Fo），并且通过提高有效叶面积指数（LAI）提高棉花群体光合效率。到生长后期，有效的氮素供给延缓了叶绿素的分解，提高了叶肉细胞的光合特性，改善后期叶片 PSⅡ的活性、光化学最大效率和光化学猝灭系数等，进而使棉花生育后期的叶片保持了较高的净光合速率。缓/控释氮肥的施用可以有效改善棉花的早衰，提高棉花的耐盐碱能力。

4. 增加生态肥和有机肥的施用

有机肥料是改善土壤理化性质的重要物质，增加土壤的腐殖质，有利于团粒结构的形成，改良盐碱地的通气、透水和养分状况，有机质分解后产生的有机酸还能中和土壤中的碱性物质。对提高土壤肥力、作物产量和品质及增强作物抗逆性具有相当重要的作用。生态有机肥是一种综合了生物肥料、有机肥料和化学肥料的优点而减少了各自缺点的一种环境友好型的肥料，增施生态有机肥明显改善了棉花的生育性状，使棉花的产量提高了 14.26%～16.2%，同时也改良盐碱地土壤理化性质。

当前缺少优质耐盐碱棉花品种的前提下，通过改进栽培措施提高盐碱地植棉效益是行之有效的手段。盐碱地植棉要减少氮料损失、提高氮肥利用效，除选择合理的施肥方法与氮肥种类外，还要不断改良盐碱地，降低土壤含盐量，改善土壤理化性状。

（注：本技术由蒋建勋等原刊载于 2017 年《棉花学会 2017 年会论文汇编》）

多措并举减少棉花烂铃技术

棉花烂铃是棉花结铃到吐絮阶段的主要灾害之一，近年来在河北省主要棉区每年都有发生，尤其是 2009 年以后，棉花后期的烂铃超过了 20%，有的年份甚至达到了 30%，给棉农造成了巨大的经济损失。

1. 棉花后期烂铃原因

（1）连阴雨

进入 8 月中旬后，连阴雨天气会导致土壤湿度增加，棉田中下部湿度增大，加上此期的高温环境，都为棉田致病菌的发生、繁殖和蔓延提供了有利的条件。

（2）田间郁闭

进入 8 月份后，河北省主要棉区的棉花生长进入叶片量最大的阶段，此时也是田间最为郁蔽的时期，棉花中下部基本见不到阳光，通风透光程度降到最低，并且随着棉花种植密度的增加，田间的郁蔽程度也越大，这种环境也有利于棉田致病菌的繁殖发生。

（3）棉田致病菌

引起棉花烂铃的铃期病害主要有棉铃疫病、炭疽病、红腐病、红粉病、黑果病和角斑病，多为真菌性病害，其中棉铃疫病最为普遍。致病菌通过风雨、虫害及农事操作等传播浸染棉铃，连阴雨天气造成的棉田高湿环境以及栽培上的高密度造成棉田环境荫蔽会加速致病菌的发生、繁殖和蔓延。

（4）棉花虫害

棉铃虫、红铃虫等后期虫害也容易引起烂铃，形成僵伴花。

2. 防治棉花烂铃的技术措施

针对引起棉花烂铃的因素，需要采取多种措施进行综合防治，才能达到较好效果。

（1）降低种植密度，拉开大行行距

一般棉田密度保持在 3 500～4 000 株/亩即可，密度过大无益于产量的提升，反而会造成后期田间郁闭程度加大，棉花烂铃也会相应增加。一般肥力棉田棉花大行距要保持在 90～110 cm，这种配置模式到棉花生育后期大行间刚刚封垄，对于后期保持田间通风透光有很好的作用，能有效减少烂铃。

（2）推株并垄

8 月中旬开始，如果遇到连阴雨天气，要推株并垄，先将棉花从大行推向小行，并用脚踩实根部，使大行间能够透过阳光，过一周左右，再将棉花从小行推向大行，使小行间透光。该措施对于减少烂铃效果最好，可减少烂铃 55% 以上。

（3）喷施药剂

从进入 8 月份开始，用 80% 代森锰锌 WP 500 倍液或 20% 松脂酸酮 EC 500 倍液喷雾，

每隔 10 d 后喷施一次，喷 2~3 次，喷施棉株中下部，对烂铃防治效果可达 67%以上。

（4）去除下部老叶与空果枝

对生长过旺的棉株，做到及时剪空枝，摘老叶，抹赘芽，去掉中下部发黄叶片，以减少田间郁蔽程度、降低棉田湿度，保证棉花生长期间株型适度、通风透光、生育协调，增加中下部的光照条件，是防止和减少烂铃的关键。

（5）加强虫害防治

棉花生长后期切忌放弃虫害防治，要及时观测田间虫害发生情况，发现有棉铃虫、红铃虫为害时采用氯虫苯甲酰胺、甲维盐类农药进行喷雾，对减少因虫害引起的烂铃有积极的作用。

（6）及时抢摘晾晒

对已发生或即将发生的烂铃要及时采摘，一方面把带病原菌的棉铃带出田外减少病源，另一方面及时采摘的烂铃通过晒干、分收，还可获得一部分经济产量。

（注：本技术由王树林原刊载于 2013 年 9 月 3 日《河北科技报》）

早熟抗病虫棉花品种冀 178 栽培技术

1. 冀 178 特征特性

（1）农艺性状

冀 178 属转基因抗虫常规棉品种。出苗好、苗势壮，整个生育期长势稳健整齐。植株塔形，清秀，透光性好，茎秆较粗壮，有茸毛（中等密度）；叶片中等大小、色深绿，功能期长；结铃性集中，吐絮肥畅。全生育期 116 d 左右，株高 94.3 cm，单株果枝 10.2 个，第 1 果枝节位 6.3，单株成铃 9.9 个，铃重 5.2 g，子指 9.5 g，衣分 37.8%，霜前花率 76.8%。抗棉铃虫、红铃虫等鳞翅目害虫。

（2）产量表现

在 2012 年河北省中南部晚春播棉组区域试验中，皮棉产量为 1 236 kg·hm^{-2}，霜前皮棉产量为 1 038 kg·hm^{-2}；在 2013 年同组区域试验中，平均皮棉产量为 1 065 kg·hm^{-2}，霜前皮棉产量为 774 kg·hm^{-2}。在 2014 年同组生产试验中，平均皮棉产量为 1 630.5 kg·hm^{-2}，霜前皮棉产量为 1 351.5 kg·hm^{-2}。

（3）纤维品质

农业部棉花品质监督检验测试中心检测（HVICC）结果显示：2012 年区域试验样品，上半部平均长度 28.0 mm，断裂比强度 29.1 cN·tex^{-1}，马克隆值 4.6，长度整齐度指数 82.5%，断裂伸长率 6.2%，反射率 76.9%，黄度 7.9，纺纱均匀性指数 127；2013 年区域试验样品，上半部平均长度 29.84 mm，断裂比强度 29.72 cN·tex^{-1}，马克隆值 5.0，长度整齐度指数 84.7%，断裂伸长率 6.8%，反射率 75.7%，黄度 7.7，纺纱均匀性指数 138。

（4）抗病性

河北省农林科学院植物保护研究所鉴定：2012 年黄萎病病指 22.60，相对病指 22.45，耐黄萎病；2013 年黄萎病病指 7.19，相对病指 7.47，抗黄萎病。

2. 冀 178 适宜种植区域

冀 178 适于河北省的石家庄、衡水以南晚春播和冀南麦套植棉区种植。

3. 冀 178 配套栽培要点

（1）适宜播期

晚春播种植最佳播期为 5 月中下旬，播期不晚于 5 月 25 日。麦套种植可适当早播，于 4 月下旬播种。

（2）种植结构

根据肥力高低和种植模式不同调节种植密度。一般单作棉田高水肥地块行距

70 cm，株距 20～25 cm，密度为 6 万～7.5 万株·hm^{-2}；中等地力棉田，密度为 7.5 万～9 万株·hm^{-2}；旱薄地密度为 9 万株·hm^{-2} 以上。麦套棉田可根据预留行宽度适当密植。

（3）水肥管理

施足基肥，每公顷施磷酸二铵 300～450 kg、尿素 225 kg、钾肥 225 kg。此外，在初花期及时追肥浇水，重施花铃肥，后期追施叶面肥防早衰。

（4）适时化控

全生育期需要化控。具体化控方法：棉花长出 4～5 片真叶时，每公顷用缩节胺 7.5～15 g；7～8 片真叶时，每公顷用缩节胺 15～22.5 g；在盛蕾期—花铃期，需化控 2～3 次，每次每公顷用缩节胺 30～37.5 g。同时在不同生育期根据气候特点、长势及时化控。

（5）病虫害防治

一般晚春播棉田根据发生程度防治第 1 代棉铃虫，对 2 代和 3 代棉铃虫要及时防治，并注意防治棉田其他害虫。麦套种植应加大红蜘蛛、蚜虫等的防治。

（注：本技术由赵贵元等原刊载于 2016 年第 3 期《中国棉花》）

棉花杂交种冀 8158 高产轻简化栽培技术

冀 8158 是河北省农林科学院棉花研究所选育出的高产、抗逆棉花杂交种，主要针对河北省东部、天津等滨海区域，以早熟、高产、轻简化栽培为培育目标，充分发掘了远缘杂交后代的综合抗逆潜力，该品种可满足冀东和天津市棉区的生产需求。

棉花轻简化栽培是采用农机设备等技术手段代替人工作业，减轻劳动强度；同时简化种植管理、减少田间作业次数，实现农机农艺融合的生产耕作方式。而实现高产稳产主要是通过协调产量构成因素，在一定的种植密度范围内，随着密度的升高，亩铃数增加，单铃重降低，但最终保持了棉花产量的相对稳定。冀 8158 的高产轻简化栽培技术主要包括以下几点。

1. 播前准备

在冬前及时秸秆还田，施用有机肥 100 kg/亩，并进行深翻增加土壤中有机质含量，降低土壤相对含盐量。春季播种前，应浅耕细耙，将整块棉田整平，保证田间高度基本一致。

2. 播种

该品种可在 4 月中下旬至 5 月上旬播种，以 4 月下旬播种为宜。利用播种施肥覆膜压土一体化机械，随播种将化肥施入土壤中，化肥的深度一般在 15 cm 以下，施用棉花专用缓控释肥 50 kg/亩或采用磷酸二铵 30 kg/亩、控施尿素 20 kg/亩、硫酸钾 10 kg/亩。所使用的冀 8158 应为正规渠道获得的高纯度杂交种，采用精量播种技术特别是单粒精播，可减免间苗、定苗等环节，节约劳动成本，一般肥力的土地确保收获的密度为 3 000～3 500 株/亩，充分发挥个体产量潜力实现高产；旱薄盐碱地确保收获的密度为 4 500～6 000 株/亩，利用密植、早打顶的技术途径，可充分发挥群体产量潜力实现高产。

3. 水肥管理

在 6 月中旬花铃期根据降雨情况进行施肥和浇水，一般追施尿素 15 kg/亩，天气持续干旱，此次施肥浇水对防治棉田早衰，提升棉田的产量有非常重要的作用，因此也称浇关建水。由于 7—8 月为该地区雨季，常年一般不用再进行浇水，可以在防治病虫害的同时加入适量的硼、尿素进行叶面喷施。

4. 简化整枝，科学化控

棉花在一定的密度范围内，随密度的升高，棉株的顶端优势越明显，叶枝的生长则被抑制。冀 8158 的整枝一般只进行"捋裤腿"和一次打顶即可，打顶时间应控制在 7

月 15 日前完成，果枝数一般为 12 个左右，过早过晚打顶均会影响棉花的最终产量。同时要根据棉花长势和天气情况，在使用缩节安进行化控，掌握少量多次、前轻后重的原则，初蕾期化控一次，一般每亩用 1～1.5 g；盛蕾及花铃期化控 3～4 次，每次每亩用 2～3 g；化控可随着田间防治蚜虫、盲蝽等害虫一起进行。在 9 月下旬，亩喷施 40%乙烯利 200 g，50%噻苯隆 25 g 进催熟、脱叶，可以提早棉花的采收时间，同时也便于使用采棉机进行一次性采收。

5. 病虫害防治技术

冀 8158 具有很强抗鳞翅目害虫的效果和很好的抗病性，但应注意蚜虫、盲蝽的发生，防止害虫大发生而影响棉田的产量。

（注：本技术由赵存鹏等原刊载于 2017 年第 3 期《现代农村科技》）

河北省两年三熟粮棉轮作高产节水种植技术

河北省是小麦和玉米生产大省，小麦播种面积和总产仅次于河南省和山东省，居全国第3位，玉米种植面积和产量分别均占我国玉米播种总面积和总产量的10%左右；与此同时在棉花形式十分严峻的情况下，河北省的种植面积仍在500万亩以上，因此，粮食和棉花的生产在河北省农业生产中都占有十分重要的意义。

近年来，水利条件的改善及稳定的粮食价格使得河北省的棉区从种植棉花逐步改为种植小麦、玉米等粮食作物。但由于缺少地表水，地下水成为灌溉水的重要来源，从而导致地下水位严重下降。目前华北平原已经成为世界"漏斗区"，严重地影响了农业的可持续发展。

两年三熟粮棉轮作制度指在同一田块上有顺序地在年度间和季节间轮换种植棉花-冬小麦-夏玉米-棉花的轮作的种植方式。这样的种植方式，首先是可利用棉花和小麦、玉米需水的时间差，减缓关键时期的用水矛盾，提高水资源利用率，实现节水增产。二是充分利用小麦玉米大量的秸秆还田，增加土壤有机质含量，改善土壤结构，提高土壤肥力。第三可利用棉花和小麦玉米所需养分的差异，提高肥料后效和利用效率，保持养分的动态平衡。第四可降低病虫为害和防治成本，减少环境污染。第五可提高粮棉单产，实现粮棉双丰。最终实现节水、生态、高产、高效可持续发展之目标。

1. 棉花配套种植技术

（1）深耕松土，精细整地

坚持适墒整地，深耕细作，达到墒、平、松、碎、净、齐标准，整后棉田上虚下实，为一播全苗奠定基础。

（2）品种选择

选择经过国家或省级审定的生长发育早、吐絮集中、抗病性强、广适的中早熟棉花品种，如冀杂999、冀228、石抗126等。

（3）整地与施肥

播前7~10 d浇地造墒，整地前施足底肥，磷酸二铵30 kg，氯化钾10 kg或棉花专用复合肥50 kg，有条件的地区可亩施有机肥1~2 m^3 或秸秆还田。

（4）适期播种

依据气象预报5 cm地温连续3 d稳定在16℃时开始播种。冀中南一般为4月10—25日，最佳播期为4月15—20日。要求播种一周内无剧烈天气过程，以避免低温降雨对出苗的影响。

（5）种植模式

采用等行距配置，行距0.76 m，株距0.22~0.26 m，专用单行播种机精量播种；

或大小行配置，大行 0.8～1.0 m，小行 0.45 m，株距 0.23～0.30 m，理论密度 3 500～4 500 株/亩。

（6）播种方式

采用施肥（种肥）、播种、喷洒除草剂、覆膜、压土"五合一"播种技术，播种深度控制在 3 cm 左右，播量为 1.5 kg/亩，确保一播全苗。

（7）简化整枝，全程化控

可采用棉花简化栽培技术，每株保留靠近果枝的 2～3 个营养枝，不再进行去枝操作，但要注意与化控结合，如果棉花有旺长趋势，可喷施缩节安调控。根据棉花长势、天气情况合理化控，化控次数为 4 次左右：现蕾期 0.5～1.0 g，盛蕾期或初花期 1.0～2.0 g，盛花期 2.0～3.0 g，花铃期 3.0～4.0 g，打顶 7 月 15 日前完成，株高控制在 90 cm左右，最高不超 1 m。

（8）抓住关键水

在 6 月中旬棉花现蕾或初花期，可根据天气变化情况，浇关键水，采用隔沟灌溉的方式进行，亩用水量为 20 m³ 左右，结合浇水或沟施尿素 10～15 kg/亩，对防止早衰、提高产量品质效果明显。

（9）催熟与采收

棉花生长后期，秋季降温比较快，经常发生部分棉铃不能自然成熟开裂吐絮。可 9 月 25—30 日，亩喷施 40% 乙烯利 200 g 催熟。一次摘花，摘取完全张开的棉铃花絮，并充分晾晒，争取 10 月 20 日前收完棉花，以保证下一季小麦适时播种。

（10）病虫害综合防治

种衣剂包衣可有效地防治立枯等苗期病害。枯、黄萎病可通过轮作倒茬、选用抗病品种、及时拔除病株等综合措施防治。蚜虫、红蜘蛛、盲蝽、蓟马等害虫以化学防治为主，特别注意盲蝽的防治，防治时间掌握在傍晚。

2. 冬小麦配套种植技术

选用抗旱品种，选用观 35、衡 4399 等小麦节水、高产良种。

（1）施肥、整地

可在棉花秸秆全部还田的基础上，亩施小麦专用复合肥 50 kg 做底肥，精细整地，深翻细耙。

（2）播期及播量

小麦播期为 10 月 20—25 日，在棉花采收整地后及时进行轮作播种，亩播量 15～20 kg。晚于 10 月 25 日应适当加大播量，一般为每晚 1 d 加播 0.5 kg/亩，最晚应在 10 月 30 日前完成播种。播后镇压，严把播种质量关，做到播深一致，下种均匀，保证苗齐、苗壮。

（3）浇水

在播后，应浇蒙头水，以保证出苗。采用小畦灌溉。每亩 10～12 个畦。畦田规格，畦宽 2.4～3 m，畦长 20～28 m，以便达到节水效果。

（4）追肥

根据产量确定施肥量，依据土壤自身氮、磷、钾等的供应状况适当调节施肥比例，依据吸肥规律和土壤水分确定施肥次数。小麦春季一般在拔节初结合浇水亩追尿素15 kg。

（5）收获

采用机械收获，收获后秸秆和残茬全部还田。

（6）病虫害防治

小麦播前要进行种子包衣或用杀虫剂与杀菌剂混合拌种，防治地下害虫和小麦黑穗病；在抽穗期"一喷三防"，用杀虫剂与杀菌剂混合叶面喷施防治蚜虫、白粉病、赤霉病等病虫害。

3. 夏玉米配套种植技术

（1）品种选择

选用的品种必须经过国家或省级审定，并适宜于本区域种植。玉米选择中熟节水、耐密、高产品种，如郑单958等。

（2）施底肥

在小麦秸秆全部还田的基础上，玉米亩施专用复合肥25千作种肥，肥料与种子分开，种与肥水平间距不得小于8 cm，防止烧苗。

（3）播期及播量

在小麦收获及秸秆还田后，夏玉米进行免耕精量播种。玉米播种量依据种子大小和种植密度确定，采用单粒精量播种，密度4 500～5 000株/亩。

浇水：在播后，应浇蒙头水，以保证出苗。

追肥：根据产量确定施肥量，一般是玉米使用种肥，并在大喇叭口期追肥。亩追尿素15～20 kg。

化控降秆：7叶至10叶期喷施降秆生长调节剂"金得乐"等控制株高，或拔节期喷洒稀释宝，降低株高，促进籽粒干物质积累，抗逆增重。

收获：玉米应适时晚收，增加干物质积累。机械收获后，将秸秆粉碎还田，然后春翻，等来年播种棉花。收获后秸秆和残茬全部还田。

病虫害防治：玉米苗期主要虫害为二点委夜蛾，穗期主要虫害为玉米螟、黏虫，病害为玉米褐腐病，应注意防治。

（注：本技术由赵存鹏等原刊载于2015年第22期《现代农村科技》）

冀南棉麦双丰种植技术

1. 棉麦套种种植技术

棉麦套种集成技术，通过高产新品种与简化栽培技术的结合实现小麦、棉花播种机械化，病虫草害统防统治、水肥一体化；通过配套农机具的改造，实现了棉花覆膜、小麦收获机械化；通过几年的试验比较，摸索出"4-2式"棉麦套种种植模式，该模式既满足了前期小麦的生长条件，又为麦后棉花的生长留足了空间，并有利于机械化操作。已基本形成了完善的棉麦套种技术体系。

（1）小麦技术方案

①选择具有边行优势明显、增产潜力大、早熟等特点的品种，良星99、金禾9123、邯麦14等。

②棉花收获后，用秸秆还田机将棉柴粉碎还田，深耕精细整地。

③每亩施氮磷钾（15-22-8）的复合肥50 kg作为小麦和棉花的底肥。

④播种前进行药剂拌种，4行为一幅。每幅小麦间留预留行，下年预留行播种2行棉花。

⑤播种机播量设定为每亩20 kg，保证小麦每亩基本苗35万～40万株，播种深度3～5 cm，确保一播全苗。

⑥播种后浇蒙头水或在夜冻昼消时浇灌冻水，保苗安全越冬。

⑦视苗墒情和天气情况搞好春季第一肥水运筹，培育壮苗。未进行杂草秋治的除治麦田杂草。

⑧利用杀虫剂、杀菌剂复配，综合防病治虫、抗干热风，同时一药多用，防治棉花苗期病虫害。

⑨收获时在联合收割机割台中间加装宽度略小于预留行挡板收获小麦，防止损伤棉苗。

（2）棉花技术方案

①选用耐旱、结铃集中、吐絮集中等特点的中早熟品种，冀H170、冀杂2号、邯杂9号等。

②结合小麦浇水借墒4月下旬播种。一膜盖双行，播种后喷施土壤封闭除草剂。

③及时放苗、定苗；重点防治红蜘蛛和地老虎等危害。

④利用水肥一体化设施浇水追肥，注意化控结合。

⑤7月15日前打完顶。结合促早措施，防贪青晚熟。

⑥10月下旬清除棉柴。

2. 棉花麦后直播种植技术

小麦选用抗耐旱品种，推广旱作节水技术。棉花选用早熟品种，管理以促为主，加快生育进程。为充分利用光热水肥资源，除棉花收获外实现全程机械化，水肥一体化。

（1）小麦技术方案

①选用耐旱早熟小麦品种邯农一号等，播种深度 3～5 cm。

②药剂拌种可有效地预防小麦根腐病等病害及蝼蛄等地下害虫。

③施用小麦测土配方涂层缓释一次肥，可提前成熟，为夏棉播种争取主动。

④在小雪前后进行冬灌，使麦苗安全越冬。

⑤注意防治小麦各种病虫害。

⑥根据墒情苗情，结合追肥适时浇好小麦春一水。

⑦及时收获，留茬高度低于 15 cm，粉碎麦秸，播种夏棉。

（2）棉花技术方案

①采用生育期 105 d 左右的超早熟品种，如石早 3 号、邯棉 686 等。

②小麦要适时早收，并随收割将麦秸粉碎。抢时播种夏棉。

③出苗后及时定苗；在棉苗 4～5 片真叶时进行中耕、灭茬、除草和化控。

④早打顶。7 月 20 日左右打顶，注意防治棉铃虫。

⑤10 月初施用乙烯利，促棉铃早开裂、早吐絮。

⑥及时采收，争取早腾茬，早种麦。

（注：本技术由赵贵元等原刊载于 2015 年《中国棉花学会 2015 年年会论文汇编》）

谷子宽行双垄覆膜施肥播种一体轻简化种植技术

谷子抗旱耐瘠，营养丰富均衡，是我国北方的特色作物之一。河北省是我国谷子主产区之一，但是生产上 80% 以上是非灌溉谷子，谷子生产完全依赖雨养，产量低而不稳，遇大旱年份甚至绝收；谷子种植烦琐，人工间苗除草，费工费时；新型经营主体对规模化、机械化生产的需求越来越强烈。针对上述问题，河北省农林科学院谷子研究所联合黄骅市沃土种植专业合作社、任丘鼎浩农业机械有限公司共同研发了谷子宽行双垄覆膜施肥播种一体轻简化种植技术，对农民增产增收和谷子产业的发展具有重要的现实意义。

1. 播前准备

(1) 底肥

如有条件可底施有机肥，在中等地力条件下，每亩用撒肥机底施腐熟有机肥 1 500～2 000 kg，或干鸡粪 300 kg 左右。

(2) 整地

春播在前茬收获后及时翻耕，深度 20～25 cm，镇压；播前，可结合底施有机肥旋耕，深度 10～15 cm，镇压，要求施肥均匀，耕层上实下墟，土壤细碎，地表平整。夏播麦茬地必须进行深耕或旋耕 2～3 次，保证地面无秸秆和根茬，否则影响机具的覆膜播种效果。

(3) 品种选择

选择适合当地种植的抗旱、抗倒、优质、高产品种。

(4) 种肥

在中等地力条件下，每亩随播种机播氮磷钾复合肥 25～30 kg（N：P_2O_5：K_2O = 22：9：9），或缓控释肥 30 kg 左右（N：P_2O_5：K_2O = 22：9：9）。

2. 播种机

选用宽行双垄施肥覆膜播种一体机，该机具在膜上打孔穴播，一膜上可种植两行，施肥、覆膜、播种可同时完成。

3. 地膜规格

选用宽 90 cm、厚度 0.010 mm 以上的黑膜，黑膜防草效果好。

4. 播种

(1) 播种期

雨后播种，有水浇条件的可灌水，保证墒情适宜，或先播种等雨出苗。春播 4 月上旬至 5 月下旬，夏播 6 月上旬至 7 月上旬。

（2）播种量

春茬白地每亩 0.2～0.3 kg，夏播麦茬地每亩 0.3～0.4 kg。

（3）施肥、种植要求

行距 55 cm，穴距 12 cm，播种深度 3～5 cm，每穴 5～8 粒，出苗每穴 5 株左右。种肥施于膜内，两行中间，深度 5 cm 左右。注意地膜头和膜两边要压紧压实，行走速度不宜过快，保证施肥、播种均匀，覆膜效果好。

5. 田间管理

（1）查苗、放苗、补苗

谷子出苗后及时查苗。缺苗严重区域要及时补种，不太严重地块也可等苗 5～7 叶期从密植区域移栽补苗。压在膜下的苗要及时放出膜外，避免烧苗或死苗。

（2）间苗、除草

一般无需间苗，密度较大的区域可人工间苗。播种后出苗前，膜间喷施谷友每亩 50～60 g 封地，杂草防效可达 85% 以上。

（3）追肥与中耕培土

拔节后封垄前，平原大地块膜间采用中耕施肥机，丘陵山区小地块采用微耕施肥机，可同步完成行间松土、除草、施肥、培土等作业工序，每亩追施尿素 15～20 kg。中耕后土块细碎，沟垄整齐，肥料裸露率 ≤5%，行间杂草除净率 ≥95%，伤苗率 ≤5%，中耕除草施肥深度 3～5 cm。

6. 病虫害防治

病虫害防治按 DB 13/T 840—2007 执行。可配施生命素、磷酸二氢钾等叶面肥。平原区采用机动喷药机械，丘陵山区宜采用中小型拖拉机配套的悬挂喷杆式喷雾机，也可采用人力背负式喷雾器进行作业。喷药机械的田间操作按照不同机型的使用说明书进行。药液雾化良好、喷雾均匀，药液在植株上覆盖率达到 95% 以上，各喷头喷药量均匀一致。

7. 收获

一般在蜡熟末期或完熟期采用切流式谷物联合收割机收获。小地块采用分段收获方式，即割晒机割倒后晾晒 3 d 左右后采用脱粒机脱粒。

8. 残膜回收

收获后采用残膜回收机回收残膜，避免环境污染。如破损不严重，也可以第二年在膜上使用手推式穴播机或去掉覆膜装置的穴播机进行播种。

（注：本技术由夏雪岩等原刊载于 2015 年第 2 期《河北农业科学》）

黑龙港流域杂交谷子轻简高效栽培技术

黑龙港地区土壤瘠薄、水资源亏缺，同时，该项目区光照充足、雨热同季、地势平坦、适合谷子机械化作业。谷子具有抗旱耐瘠、水分利用效率高、适应性广、营养丰富且平衡、饲草蛋白含量高等突出特点，在干旱日趋严重、人们膳食结构亟待调整、农村劳动力紧张以及畜牧业不断发展的形势下，研究黑龙港流域谷子轻简高效栽培技术有着很重要的现实意义。

1. 选择适宜品种

张杂谷系列品种。根据播种时期选用适宜不同茬口播种的杂交谷品种，早夏播适宜品种有张杂谷 11 号；麦收后夏播适宜品种张杂谷 8 号、张杂谷改良 8 号、张杂谷 16 号；晚夏播（油葵、春绿豆茬后）特早一号。

2. 精细整地

谷子耐瘠薄、耐旱，对土壤要求不严格，沙土，黏土，旱、薄、岗、坡地以及轻碱地均可种植。地势平坦、保水保肥、排水良好、质地松软而富含有机质的土壤最适宜种植谷子。前茬以豆类、瓜类、马铃薯、小麦为好，玉米次之。

春播整地整地要作好耙耱、浅犁、镇压保墒工作，才能保证谷子发芽出苗所需的水分，由于春天干燥，风多雨少，播种后要及时镇压，以免风干。有条件地区建议采用地膜覆盖结合精播机穴播技术，保墒提温防草一次性完成。夏播麦茬谷要在小麦收获后要抓紧农时，进行耕翻整地，搂净麦茬，抢时播种。麦茬尽可能较低，除掉杂草后贴茬播种，也可灭茬 2 次后再播种，浇水后或雨后土壤墒情适宜时播种。晚夏播种时应净地播种，杂草可用"克无踪"等播前喷洒灭杀。

3. 适宜播量

在黑龙港地区平原春白地或贴麦茬播种地块，杂交谷亩播量一般在 1.0～1.2 kg。联合收割机收获小麦的地块，因麦茬较多，影响谷子播种质量，应适当加大播量。尽可能采用精量播种机播种，行距一般 40 cm 左右。播种宜浅不宜深，一般播深为 1～2 cm，播后最好镇压盖平，防止 1 叶 1 芯时下雨灌耳。

由于杂交谷子杂交种率每年不同，应依年份测定杂交种率后根据杂交率和杂交谷本身品种特性结合要播种的时期确定播量。播种量过大或过少，喷施间苗剂后留苗都不能达到理想的密度。

4. 肥水运用

谷子是抗旱耐瘠作物，一般不需要浇水。有水浇条件的，谷子生育期间尤其是孕穗期和抽穗灌浆期遇旱应及时浇水，以防"胎里旱""卡脖旱"和减少秕谷。施肥底肥应以磷钾肥为主，氮肥不应过多（氮肥后期追施）。一般每亩氮肥 15 kg、磷肥 15 kg、钾肥 10 kg，有条件的可底施适量农家肥。拔节抽穗期每亩可追施尿素 15 kg，也可叶面喷施磷酸二氢钾或其他叶面肥 2～3 次，以提高结实率，增加穗粒重。

5. 间苗及病虫草害防治

谷子 3～5 叶期，每亩喷药机喷施配套间苗剂 100 mL，同时喷施 20%氯氟苯氧乙酸 60 mL、10%苯磺隆 3 g、4 000 U/mL 苏云金芽孢杆菌 40 g，以防治田间杂草及粟灰螟。中后期，每亩用 6%春雷霉素可湿性粉剂 30 g、40%硫酸链霉素可溶性粉剂 10 g、0.01%芸苔素内脂可溶液剂 20 mL 防治谷瘟病、赤霉病及细菌性病害。注意要在晴朗无风、12 h 内无雨的条件下喷施，确保不使药剂飘散到其他谷田或其他作物。

6. 防止鸟害

解决鸟害问题应从多方面着手、综合防治。
①适时晚播效果明显。播种越早鸟害越重，播种越晚鸟害越轻。
②成方连片、规模种植鸟害损失较轻。
③有条件的种植户可用声防装置或驱鸟剂趋避鸟害。

7. 适时收获

杂交谷子苗稀穗大，应掌握在蜡熟后、即当谷穗上 80%～90%的鼓励变黄时及时收获，以免收获过晚出现丰产性倒伏。收割过早，籽粒成熟不好，千粒重下降，谷粒含水量高，出谷率低，产量和品质下降；收获过迟，纤维素分解，茎秆干枯，穗码干脆，落粒和鸟害严重。

（注：本技术由姚晓霞等原刊载于 2017 年第 9 期《农业科技通讯》）

优质早熟谷子新品种汇华金米及其配套栽培技术

"汇华金米（HH0819）"是由河北省农林科学院谷子研究所和邢台市自然农庄农产品有限公司合作选育的优质早熟谷子新品种，2015年12月20日通过河北省科技厅鉴定。

1. 生物学特征

幼苗绿色，生育期86 d，春播一般需要5~6 d出苗，夏播4~5 d出苗，幼苗健壮；出苗至抽穗期多在45 d左右。株高113.36 cm；纺锤形穗，穗松紧适中，穗长18.05 cm，穗粗2.27 cm，单穗重17.61 g，穗粒重15.13 g，千粒重2.7 g；籽粒圆扁形，整齐度好，易脱粒。黄谷黄米，米色鲜黄一致性好。

2. 突出特性

（1）优质

汇华金米在2013年第十届全国优质米评选会上被评为"一级优质米"。米色鲜黄一致，适口性好，熬粥粘香，色泽鲜黄，省火省时。经河北省出入境检验检疫局检验检疫技术中心检测，结果为：蛋白质含量9.19%，粗脂肪3.8%，粗纤维2.7%，锌31 mg·kg^{-1}，镁1.06×102 mg·kg^{-1}，钙1.5 mg·kg^{-1}，硒0.03 mg·kg^{-1}，磷284 mg·kg^{-1}，淀粉67.87%。

（2）早熟

汇华金米生育期86 d，较对照冀谷31（93 d）短7 d，属早熟品种。5月上旬到7月下旬播种均能成熟，5月春播在8月底成熟，生育期延长至102 d左右；6月20日左右夏播，在9月下旬成熟；7月下旬播种，10月中下旬成熟；适宜播期较长，早播早熟，但在5月20日—6月30日播种产量较高，品质较好。

（3）耐旱、耐盐碱、耐涝性强

汇华金米耐旱性1级，耐涝性1级，专家田间检测，在南大港盐分含量0.41%中度盐碱地上亩产302.00 kg，较国家区试对照品种冀谷19增产9.34%。

（4）产量较高且稳定

在两年六点联合鉴定试验中，平均亩产376.05 kg；专家田间检测亩产419.31 kg，较对照冀谷19增产6.78%。

（5）抗病性好

多年多点试验自然鉴定，抗白发病、红叶病、线虫病、谷瘟病。联合鉴定试验结果表明：白发病、线虫病、红叶病均未发生，谷瘟病1级；1级抗倒伏，因秆矮，茎秆韧性好，抗倒伏性较强。

（6）适合机械化收获

株高 113.36 cm，属中矮秆品种，抗倒性 1 级，抗病性好，因此适合机械化收获。

3. 配套栽培技术

（1）适期播种

5 月 10 日—7 月 20 日均可播种，但最适播种期应在 6 月 20 日前后。

（2）合理密植

汇华金米的适宜密度范围为 4 万～5 万株/亩，行距 40～50 cm 等行距种植。精量播种亩播种量 0.4～0.5 kg。土壤墒情好时播种量要小，墒情差时要大。出苗密度在 5 万株/亩以内不间苗，密度超过这一范围时间苗。

（3）施肥

播种前底施 40～50 kg/亩氮磷钾复合肥或缓释肥，或播种时和种子一起条施 30～40 kg/亩氮磷钾复合肥或缓释肥。

（4）化学除草

播种后用"谷友"封闭地面，"谷友"为苗前除草剂，对单、双子叶杂草均有效，于谷子播种后、出苗前均匀喷施于地表，每亩最佳剂量 100 g，最高 120 g，每亩兑水 50 kg。

（5）防治害虫

在拔节期采用防治钻心虫和蚜虫。防治方法是在害虫发生期喷施杀虫剂，如菊酯类杀虫剂、吡虫啉、啶虫脒、甲维盐等高效低毒的农药。

（6）适时收获

一般在开花后 40 d 左右，籽粒变硬，水分降低到 20% 时用联合收割机收获。

4. 适应区域

汇华金米生育期较短，适宜在河北、山东、河南等华北夏谷区麦茬夏播或春白地晚春播，在 5 月中旬到 7 月下旬都可播种，适宜播种期较长，但最佳播期在 6 月上中旬。也可 5 月上旬 6 月初春播，但生育期会延长，且应注意防治病虫害。

（注：本技术由夏雪岩等原刊载于 2016 年第 9 期《中国种业》）

冀中南棉花牧草一年两熟轮作种植技术

棉花牧草一年两熟轮作种植是指在同一土地上按照棉花—牧草的顺序交替进行种植，牧草是利用棉花冬季闲田进行复种的。这样可以全年对土地进行覆盖，防止春季风沙对土壤的侵袭，保持土壤水分，在保护环境的同时，还可以促进土壤团粒结构形成和土壤肥力的恢复和提高，棉花牧草轮作可以抑制棉田连作导致的病虫害加重的趋势。在收获一季棉花后，还可在冬春饲草匮乏季为畜牧业提供优良饲料，提高了土地的利用效率，增加农民的收入。牧草的整个生长季无病虫害的发生，无需使用农药，不但方便管理，而且对环境无污染。

棉花牧草轮作种植可以根据棉花及牧草的需求量及价格进行两种模式的调节，一是在4月下旬种植春播棉花，10月20日前收获，然后种植牧草，次年4月收获后再次种植棉花；二是5月中下旬种植晚春播棉花，10月20日前收获，然后种植牧草，次年5月中旬收获后再次种植。

1. 牧草的种植技术

品种选择。选择适宜本地区种植的黑麦或小黑麦品种，如冀饲1号等。

施肥与整地。可以在棉花收获后，秸秆全部粉碎还田的基础上，亩施小麦复合肥25 kg。整地时要求土地平整，这样才能提高播种质量，保证出苗整齐。

播期及播量。整地后可以立即播种，一般应在10月20—25日进行，亩播量15 kg左右，直接采用小麦播种机即可播种，播深3～5 cm。

浇水和追肥。若播种时，土壤墒情不能够保证其出苗，则只需打畦浇小水，保证其出苗即可。一般年份在春季3月底4月初浇水一次，亩追尿素15 kg即可。

收获。若饲喂牛羊则要在抽穗期一次性刈割，饲喂鸡、鹅、兔子可以多次刈割，用玉米青贮机即可收割。下一季若想种植春播棉花，则须在4月下旬收割完成，然后整地种植；种植晚春播棉花，则要在5月中旬收获，收获后整地种植。

2. 棉花的种植技术

品种选择。无论是春播还是晚春播的棉花，都需要选个经过国家或省级农作物品种委员会审定的品种。春播品种需要生长发育早，吐絮集中的中早熟品种，如冀1316等；晚春播品种需要出苗快，吐絮早、抗病性强的品种，如石早2号等。

施肥与整地。在收获牧草后，可以根据墒情进行整地，墒情不足时需要浇水，以保证出苗。整地前一般每亩用棉花专用复合肥50 kg，整后棉田应平整、上虚下实。

播种。可以采用,播种、覆膜、压土一体化的播种技术,播深一般在 3 cm 左右,播量为每亩 1.5 kg,确保出苗均匀、整齐。

田间管理。棉田可采用简化整枝,全程化控技术进行棉花的整枝管理,只在初期去除下部营养枝,而后不再进行其他去枝操作,只需进行缩节胺化控。在 6 月中下旬,根据降雨情况进行追肥,土壤墒情较差时需要进行浇水,防止棉花早衰、品质下降。

催熟和采收。一般在 9 月底进行催熟,亩用 40% 乙烯利 200 g 兑水 30 kg 进行叶面喷施,一次摘花,摘取完全张开的棉铃,争取在 10 月 20 日前收获完成,保证牧草适时种植。

（注：本技术由赵存鹏等原刊载于 2016 年第 1 期《现代农村科技》）

冀中南苜蓿高产栽培技术

1. 施足底肥

苜蓿对磷、钾肥的需求量较大，播前施腐熟有机肥 1 500～2 000 kg/亩，过磷酸钙 40～50 kg/亩，或磷钾复合肥 30～35 kg/亩，尿素 3～5 kg/亩，或肥尔得花生复合肥 30～35 kg/亩。

2. 整地

要求深耕细耙，耕深 25 cm 以上。播前达到无土块、无杂草、墒情好、上虚下实、地表平整。苜蓿耐旱怕涝，24～35 h 的积水会造成苜蓿根系大量死亡，因此在整地的同时，一定要做好排水设施。

3. 播种

春季播种日期 4 月 15 日左右，秋播应在 9 月 20 日之前进行。一般采用条播方式，行距 20～30 cm，播量（净种子）1～1.5 kg/亩，播深 1～1.5 cm。播后镇压，如果墒情不好可播前镇压一次，播后镇压一次。

4. 除草

播种后第二天用氟乐灵进行土壤封闭，用量掌握在 48%氟乐灵乳油 80～100 mL/亩。苜蓿生长期除草可用广谱性除草剂，如苜草净、豆草特、普施特等。特别要注意检疫性杂草菟丝子，出现菟丝子连续割 4～5 次可除净。化学除杀措施为，采用 48%地乐胺乳油 100～200 倍液喷雾，用量为 75～150 mL/m^2。

5. 水肥管理

一般在返青期、第一茬刈割后及入冬上冻各灌溉一次，同时结合浇水追施磷钾复合肥每亩 10～15 kg，尿素 3～5 kg。入冬上冻水时，一般在晚上结薄冰、白天融化时进行，不能过早，否则易发生霜霉病。每年第一次刈割后必须追肥，第一茬的产量占全年产量的 40%～50%。不要过量施肥浇水，否则易造成苜蓿倒伏。

6. 病虫害防治

（1）病害防治

①霜霉病。在发病初期，选用 65%代森锌可湿性粉剂 400～500 倍液，或 70%代森锰锌可湿性粉剂 400～600 倍液，或 72%普力克水剂 600～800 倍液进行喷雾防治。

②根腐病。在发病初期，可选用 50%多菌灵可湿性粉剂 500 倍液，或 50%甲基托

布津可湿性粉剂 500 倍液灌根。

③白粉病。温暖、昼夜温差大、湿润条件下易发生此病。在发病初期，选用 20% 粉锈宁乳油 3 000～5 000 倍液，或 70%甲基托布津（甲基硫菌灵）可湿性粉剂 1 000 倍液，或 40%福星（氟硅唑）乳油 8 000～10 000 倍液进行喷雾。

④锈病。在发病初期，选用 20%粉锈宁乳油 1 000～1 500 倍液，或 75%百菌清（达克宁）可湿性粉剂 600 倍液，或 70%代森锰锌可湿性粉剂 600 倍液进行喷雾。视病情隔 7～10 d 喷药 1 次。

（2）虫害防治

①蚜虫。于蚜虫发生期，选用 10%吡虫啉可湿性粉剂 2 000 倍液，或 25%阿克泰水分散粒剂 7 500 倍液，或 4.5%高效氯氰菊酯乳油 1 500 倍液，或 50%抗蚜威可湿性粉剂 2 500～3 000 倍液，进行茎叶喷雾。喷药时要注意喷叶片背面。

②蓟马。于蓟马发生初期，选用 4.5%高效氯氰菊酯乳油 1 000 倍液，或 10%吡虫啉可湿性粉剂 1 000 倍液，或 3%啶虫脒乳油 2 000～2 500 倍液，在早晨或傍晚蓟马活动盛期进行喷药。

③夜蛾科害虫。于卵孵化盛期至低龄幼虫期，选用苏云金杆菌可湿性粉剂（100 亿活芽孢/g）500～1 000 倍液，或棉铃虫核型多角体病毒制剂（100 亿/g）500～1 000 倍液，或 24%米满悬浮剂 1 200～2 400 倍液，或 1.8%爱福丁（阿维菌素）乳油 2 000～2 500 倍液，或 25%灭幼脲悬浮剂 1 000 倍液，或 4.5%高效氯氰菊酯乳油 750 mL+40%辛硫磷（倍腈松）50 mL/亩兑水 40 kg，在早晨或傍晚夜蛾科害虫活动盛期进行喷药。

④灰飞虱。可应用 10%吡虫啉 20 g/亩或 3%啶虫脒 15～20 g/亩，混用 4.5%高效氯氰 20～30 mL/亩等菊酯类农药喷雾，也可选用扑虱灵、灭多威、锐劲特农药喷雾，隔 3～4 d 1 次，连喷 2～3 次。在收割前 15～20 d，不准使用化学农药防治。

7. 收获

春播苜蓿当年一般收割 2 茬，第二年以后可收割 4～5 茬。第一茬苜蓿以现蕾盛期至始花期收割最佳。第一次收割后，每隔 30～35 d 收割一次。最后一次收割应在 9 月末前进行，留有 30～40 d 的生长时间，有利于越冬和第 2 年高产。收割留茬 4～5 cm，越冬前最后一次收割留茬 7～8 cm。

（注：本技术由张海娜等原刊载于 2016 年第 15 期《现代农村科技》）

威县饲用燕麦—夏玉米高效栽培技术

威县是历史植棉大县，但近年来随着劳动力价格上涨和籽棉收购价格的低迷，导致植棉效益大大下降，农民的植棉积极性严重消减，生产种植结构亟需调整问题日益突显。2015 年 9 月，君乐宝乳业有限公司在威县建成首个万头奶牛养殖示范基地，并成立乐源牧业威县有限公司，公司总投资 5 亿元，占地 1 000 亩，常年存栏奶牛 1 万头，年需要牧草 4 万亩，日产鲜奶 150 t。该公司计划在威县建设 5 个万头奶牛牧场，第二个万头奶牛牧场已开工建设，2016 年底奶牛即可入栏。牧草远距离运输会增加很多额外成本，所以在牧场周边利用农田种植饲草成为种养结合循环模式发展的新途径。但在多年来以棉花为主要种植作物的威县，尚缺乏成熟的优质饲草种植模式和经验，亟需开发多元化优质饲草品种和配套栽培技术。

1. 饲用燕麦—夏玉米模式

经试验和示范表明，饲用燕麦—夏玉米模式是一种适合威县采用的饲草种植模式。该模式在早春（3 月初）播种燕麦，6 月上中旬收获乳熟期全株燕麦用于制作青贮饲料，6 月中下旬播种夏玉米，至 9 月底 10 月初收获蜡熟期全株玉米用于制作青贮饲料。

燕麦具有较强的抗逆性和较高的营养价值，燕麦粗纤维含量较少，适口性好，蛋白质、脂肪、可消化纤维的含量均高于小麦、大麦、黑麦、粟、玉米等谷物的秸秆，是理想的饲草。研究表明，用青刈燕麦或燕麦干草饲喂乳牛，可提高产奶量。燕麦在我国有悠久的栽培历史，但一般在冷凉地区种植，河北省中南部以收获牧草为目的的燕麦栽培尚处在起步阶段。

玉米青贮饲料在奶牛养殖中应用比较普遍，利用青贮玉米做饲料的优点在于其营养丰富、供应均衡、适口性好、消化率高，另外青贮玉米制作简便，成本较低、实现了资源的充分利用，减少了燃烧秸秆造成的环境污染。玉米种植效益方面，蜡熟期全株青贮与成熟后收获籽粒收入基本持平甚至更高；且在蜡熟期收获出售全株玉米比成熟后出售籽粒和秸秆可节省玉米收割、脱粒、晾晒等劳动力。

在冀中南地区，饲用燕麦与青贮夏玉米复种是一种新的栽培模式。该模式中燕麦具有耐寒、耐瘠薄优良特性，所以可在春季适当早播争取农时；燕麦的耐旱性又可以使其在灌溉水不足的情况下应对春旱的发生。而夏玉米种植季正值该地区雨热资源都很丰富的时期，能够充分利用自然资源。该模式的推广应用既能让种植户获得较高的种植效益，又为养殖业提供优质丰富的饲草饲料，推广前景广阔。

2. 栽培技术要点

（1）燕麦栽培技术要点

①品种选择。选用张莜 7 号、张燕 8 号、甜丹燕 111、加拿大贝勒等品种。

②播前准备。秋冬雨雪较少，不能满足播种墒情地块尽早浇底墒水，土壤昼化夜冻的顶凌期，及时翻耕土地，翻后耙耱平整，打碎土块，做到上虚下实，深浅一致，土壤含水量保持在10%以上。提倡亩施农家肥1 000 kg以上，每亩底施复合肥40 kg。

③播种。在3月初抢时播种，一般采用等行距播种，播量每亩10～12 kg，行距12～15 cm，播种深度3～5 cm。

④田间管理。追肥在分蘖或拔节期，原则为前促后控，结合灌溉或降雨前施用，每亩追施尿素10 kg。在分蘖期和拔节期各浇一次水。

⑤病虫草害防治。苗期—拔节期，以防治田间阔叶杂草为主，每亩用75%苯磺隆1.7 g，兑水30 kg喷雾防治。孕穗—灌浆期，以防治蚜虫为主，可选用50%辛硫磷2 000～3 000倍液喷雾防治。注意收获前15 d不再用药防治。

⑥收获。收获全株燕麦，主要用于青贮，进入灌浆后期至乳熟期时收获为宜。

（2）玉米栽培技术要点

①品种选择。选用豫青贮23、郑单958、登海6702、京科青贮516等品种。

②播种时间。燕麦收获后，抢时贴茬播种夏玉米。

③播种方式。燕麦收获后免耕播种，播种机作业速度不高于4km·h^{-1}，防止漏播。根据品种特征特性确定，一般紧凑型品种为每亩5 000～6 000株。一般采用等行距播种，行距50～60 cm。

④施肥浇水。亩施40 kg复合肥作底肥，播后墒情不足要及时浇蒙头水，每亩灌水量为40～45 m^3。

⑤化学除草。播种后出苗前，使用乙草胺、异丙草胺、甲草胺、丁草胺、莠去津或复配除草剂等均匀喷洒地面进行封闭除草。

玉米出苗后用烟嘧磺隆均匀喷洒行间地面进行除草。

⑥苗期病虫害防治。注意防治粗缩病、蓟马、二点委夜蛾、玉米耕葵粉蚧、灰飞虱、地老虎等病虫害。

⑦中后期管理。夏季降雨不足，大喇叭口期严重干旱时要及时灌溉，每亩灌水40～45 m^3。在大喇叭口期重点预防玉米螟等钻芯害虫，用辛硫磷或毒死蜱乳油拌土，灌心防治；还应以杀菌剂、杀虫剂混合喷雾，预防玉米中后期玉米青枯病、玉米螟等病虫害。注意收获前15 d不再用药防治。

⑧收获。收获全株玉米用于青贮，在乳熟末期到蜡熟初期收获最佳（玉米籽粒乳线至1/4～2/3）。

（注：本技术由张海娜等原刊载于2016年第20期《现代农村科技》）

花生—饲用黑麦一体化种植技术

1. 花生栽培管理技术

（1）品种选择

选用适宜在河北省平原春播花生区推广种植的高产、抗性强并通过国家或省审定的早熟或中熟花生品种。早熟品种：冀花4号、冀花8号、冀花9号、冀花10号等；中熟品种：冀花5号、冀花6号等。花生种子质量应符合GB 4407.2—2008之规定。

（2）播种前准备

①种子处理。晒种、选种。播种前10～15 d带壳晒种2～3 d后再剥壳。剥壳后剔除破损、发芽、霉变籽粒，按籽粒大小进行分级粒选，选择饱满、粒大、无霉变的籽粒作种。

拌种与包衣：每100 kg花生籽仁用2.5%咯菌腈悬浮种衣剂（600～800）mL+70%噻虫嗪种子处理可分散粉剂20～30 g拌种，或者每100 kg花生籽仁用600 g/L吡虫啉悬浮种衣剂200 mL包衣。严格按照GB 4285—1989和GB/T 8321要求操作，拌种均匀，切勿破损种皮。晾干后即可播种。每100 kg花生籽仁用600 mL花生根瘤菌剂拌种，以提高出苗率和减轻病害。

②施底肥。结合整地施足底肥。整地前每亩底施腐熟有机肥2～3 m³，纯氮（N）4～6 kg、磷（P_2O_5）8～10 kg、钾（K_2O）8～10 kg；或采用花生专用复合肥。建议磷肥采用过磷酸钙，钾肥采用不含Cl-的肥料种类。

肥料施用应符合NY/T 496—2010的规定。

③造墒。足墒播种。饲用黑麦收获后立即造墒，每亩灌水50～60 m³。

④整地。土壤水分适宜时，采用机械旋耕整地，不少于2遍，深度15 cm。耕后耙细整平。

（3）播种

①播期。连续5 d 5 cm平均地温稳定在12℃以上，播种小果花生，当5 cm平均地温稳定在15℃以上，播种大果花生。适宜播期一般为4月下旬至5月上中旬。

②播种方式。露地播种，等行距种植，行距40 cm，穴距15～16 cm，播深3～5 cm，每穴2粒种子，每亩10 000～11 000穴，高水肥地块取下限，低水肥地块取上限。

③播种量。每亩播种花生荚果22.5～27.5 kg。

（4）田间管理

①查苗补苗。出苗后要及时查苗，缺苗严重要及时补苗。

②清棵壮苗。齐苗后中耕，用小锄将幼苗周围土向四周扒开，使2片子叶和第一对侧枝露出土面。

③及时灌溉和防涝。开花期、结荚期遇旱及时适量灌水，饱果期遇旱浇小水。结荚后遇涝应及时排水。

④适时控旺。高水肥地块，当株高达 35～40 cm 左右及主茎日增长 1.5 cm 时，喷多效唑防徒长。花生下针期长势弱地块，需叶面喷施 2% 尿素水溶液 + 0.2%～0.3% 磷酸二氢钾水溶液 2～3 次，每隔 6～7 d 1 次。

⑤中耕除草。及时中耕除草，封垄前中耕 2～3 次。施用除草剂要严格按照 GB 4285—1989 和 GB/T 8321 规定操作。

⑥病虫害防治。叶部病害防治：开花后 30～35d 或者少数叶片有病斑时，每亩喷施杀菌剂药液 50～75 kg，可选用 50% 多菌灵可湿性粉剂 800～1 500 倍液，或 50% 甲基托布津可湿性粉剂 2 000 倍液，或 70% 代森锰锌可湿性粉剂 300～400 倍液，每隔 10～15d 喷施 1 次，连喷 2～3 次。严格按照 GB 4285—1989 和 GB/T 8321 规定操作。虫害防治：根据当地虫害发生情况及时按 DB 13/T 1528—2012 规定进行防治。

（5）适时收获

在 9 月中上旬，70% 以上荚果成熟时，适时收获。收获后及时晾晒，尽快使荚果含水量降到 10% 以下，入库贮藏。

2. 饲用黑麦栽培管理技术

（1）品种选择

选用高产、优质、抗逆，适宜河北省花生产区种植并通过国家审定的饲用黑麦品种。如冬牧 70、中饲 507、4R507、OKLON。

（2）播前准备

①种子质量。种子质量应符合 GB 4285—2008 标准二级以上。

②造墒。播前土壤含水量低于田间最大持水量 70% 时，应灌溉造墒。

③施用底肥。每亩底施腐熟有机肥 2～4 m³ 以上，纯氮（N）4～5 kg、磷（P_2O_5）6～10 kg、钾（K_2O）4～6 kg。按照 NY/T 496—2010 规定操作。

④整地。耕翻深度不得低于 20 cm。耕后耙耱，达到平整、细碎。

（3）播种

①播期。9 月下旬—10 月上旬。花生收获后早播好。

②播种量。9 月 30 日前每亩播种 9～11 kg，此后每推迟 1d 增加播量 0.25 kg。

③播种形式。等行距条播，行距 15～20 cm，播深 3～4 cm，播后及时镇压。

④田间管理。返青期，灌溉 1 次，每亩灌水量 30～45 m³。随灌溉追施纯氮（N）8～10 kg/亩。

（4）收割

4 月 20 日左右，人工或机械收割鲜草。

（注：本技术由秦文利等原刊载于 2016 年第 13 期《现代农村科技》）

滨海轻度盐渍土春玉米套种二月兰技术

"二月兰"为诸葛菜，属于十字花科诸葛菜属，耐旱、耐寒、抗盐碱，是一种优良的绿肥作物。盛花期时，二月兰生物量最大，鲜草产量超过 22.50 t/hm²，植株体全氮（N）、全磷（P）、全钾（K）养分含量分别为 29.60 g/kg、4.20 g/kg、27.50 g/kg。翻压还田后,,能增加土壤有机质含量及团聚体数量，改善土壤孔性，提高土壤蓄水、保墒能力；同时，补充土壤氮、磷、钾及微量元素养分，提高土壤肥力。生长期间，覆盖地表可抑制土壤返盐，降低土壤 pH 值，改良盐碱地。冬闲田种植二月兰能保护生态环境、改善土壤质量。黄骅市位于渤海之滨，具有大面积的滨海盐碱化耕地种植玉米，而春玉米收获后形成长达 7 个多月时间的冬闲田，地表裸露导致蒸发加强，土壤返盐。将二月兰与春玉米套种，可覆盖冬闲田，减轻土壤盐渍化程度，改善土壤理化性状，提高春玉米质量，其主要技术要点如下。

1. 种子准备

应到正规供应商处购买二月兰种子。套种前作发芽试验，发芽率高于 80% 时可进行套种。播种量为 30 kg/hm² 左右。为保证播种均匀，1 份种子应掺和 3 份左右的细沙并混匀。

2. 套种时间

7 月下旬至 9 月上旬，有效降雨前或降雨后将二月兰种子及时、均匀撒于玉米行间。

3. 病虫草害防治

二月兰病虫害较少，不要专门防治。出苗后应及时拔除杂草。

4. 补种

出苗后缺苗严重时，应在下一次降雨前后及时补种。

5. 翻压利用

4 月 25 日左右将二月兰机械粉碎还田。

（注：本技术由秦文利、刘忠宽原刊载于 2016 年第 15 期《现代农村科技》）

第七部分

扫码视频会技术
——河北省渤海粮仓科技示范工程
出版系列技术科教片

牢记嘱托　打造粮仓
——河北省渤海粮仓科技示范工程实施纪实

牢记嘱托　打造粮仓
——河北省渤海粮仓科技示范工程实施纪实

国以民为本、民以食为天，粮食安全关乎国泰民安。如何通过科技创新提高我国中低产区的粮食产能，始终是国家最高科学技术奖获得者李振声院士挂记于心的大事。

2011年1月17日，时任国家副主席的习近平到家中看望李振声院士，李振声院士提出了改造中国盐碱地，提高粮食产能的构想，习近平嘱托他这是一件大事，一定要把研究成果落到实处。

2013年7月17日，李振声院士第二次与习近平总书记见面，汇报了实施渤海粮仓项目的构想。

2013年国家科技部、中国科学院联合启动实施国家重大科技支撑计划——"渤海粮仓科技示范工程"。放置在一个历史的视角看，这是河北农业发展一个值得标记的时间锚点。

这项国家工程的主战场就在河北省，河北省渤海粮仓科技示范工程项目区涉及了沧州、衡水、邢台、邯郸4市共计43个县（市、区），耕地面积3 387万亩，占全省耕地面积的34.4%。占河北、山东、辽宁、天津"三省一市"实施区域面积的60%以上。河北项目区"粮食生产与水资源约束矛盾突出、农业生产基础条件薄弱、农村经济发展缓慢、科技成果转化推广渠道不畅"。——这里是建设"渤海粮仓"的"硬骨头"，也是扶贫攻坚的"牛鼻子"。

河北省委、省政府对此高度重视，时任省长张庆伟亲切会见了李振声院士，并指示河北省要把"渤海粮仓科技示范工程"作为一项重要的战略增粮工程予以实施，2014—2018年连续4年写入省委"一号文件"和省政府工作报告，每年省设财政专项，投入5 000万元，沧州市投入1 000万元，强力推进。

项目开展5年来，河北渤海粮仓科技示范工程扎根大地，开花结果，科技示范有如滴水穿石走进农业生产和农户生活，融入了河北省现代农业产业发展的大趋势中，成为科技推动农业经济发展的鲜活例证。

在谈到项目组织实施时，河北省渤海粮仓科技示范工程项目首席专家王慧军教授说："河北省渤海粮仓科技示范工程，要在确保口粮安全的前提下，坚持供给侧结构性改革，按照'增产增效并重、良种良法配套、农机农艺结合、生产生态协调'的工作思路，和'生态优先、节水改土、稳夏增秋、棉改增粮、粮饲结合、集约经营'的技术路线，全面提升中低产地区的粮食综合生产能力，体现'藏粮于地，藏粮于技，藏粮于水"。他强调项目要根据水土资源承载、市场需求状况、生态环境容量、产业结构调整统筹考虑大粮食生产问题，为科技扶贫，振兴乡村经济和农民增产增收服务，促进河北农业农村现代化发展。

1. 创新项目管理模式

首先，示范工程建立了由时任主管副省长沈小平、许宁任组长，省科技厅、财政厅、农业厅、水利厅、省农林科学院和相关市政府主管领导为成员的领导小组，统筹领导全省行动。

其次，五部门联合出台了《河北省渤海粮仓科技示范工程行动方案（2014—2017）》,《项目管理办法》和《专项资金管理办法》,规范管理整个工程项目。

项目设立以首席专家为统领的京津冀协同，中央、地方科技人员共同参与的创新团队，分区域建立了重点示范县和推广县。示范县采取"县域总指挥+科技特派团+新型经营主体"的管理模式。由主管县领导任县域总指挥，技术依托单位科技人员与市县技术人员组成科技特派团，技术负责人任科技特派团团长，项目承担企业和新型经营主体为项目实施法人实体，协同推进项目实施。

示范工程设立"技术研发、成果转化、示范推广"三个层次课题，依照百亩试验田、千亩示范方、万亩辐射区的"百千万示范工作法"开展工作，百亩试验田侧重适应性、检验性、放大性试验，重在实验数据的获得；千亩示范方重在展示成熟成果的规模效果；万亩辐射区重在实现增产增收增效；实现主体技术的逐级放大。

项目通过举办多种形式的推进会、现场观摩、培训会和电视、报刊、网络等媒体宣传，促进了技术的普及推广。

2. 创新技术模式

通过工程项目实施，形成了适宜不同区域条件的八大技术模式。

（1）环渤海低平原多水源高效利用技术模式

针对环渤海区粮食生产中淡水资源极度短缺，水分利用效率低，同时该区浅层微咸水资源和降水资源较丰富的现状，中科院遗传所农业资源研究中心研发团队，以"集蓄雨水、用好咸水、节约淡水、合理引水"为主题，开展以挖掘咸水利用潜力、提高地下淡水与雨水利用效率研究。突破了微咸水长期安全利用难题，发展了微咸水安全利用机理和技术；通过高效利用雨水资源的栽培种植技术变革，提升了雨养旱作农田生产力；实现以咸补淡、以淡调盐、多水源互补高效利用，粮食增产，适水种植技术在南皮示范县应用，节约淡水 50%，雨水利用效率提高 20%，实现吨粮，为环渤海中低产区增粮工程的实施提供了水资源保障。

（2）微灌水肥一体化技术模式

为彻底改变区域小麦玉米传统的大水漫灌灌溉方式，以省农科院粮油作物所和邢台农科院为主的研发团队，在基地设置了微喷、卷盘式喷淋、摇臂喷头式、自动伸缩式、平移式 5 种不同喷灌方式下的水肥一体化栽培试验与示范。解决了传统小麦生产的产量结构不合理、无效耗水多、水分利用率低的问题。玉米种植密度增加，后期叶片功能增强，粒重显著提高。技术模式在宁晋示范基地连续 3 年实现节水 50%，节肥 20%，省工 20%，节地 8%，小麦玉米亩增产 150～200 kg，亩节本增效 300 元以上。在 20 多个示范县进行了推广应用，并辐射到京津等周边省市，为水资源匮乏区实现粮食增产、农民增收、农业增效提供了成功技术模式。

（3）低平原浅层微咸水补灌高效用水技术模式

中科院遗传所农业资源中心研发团队集成了以"抗逆品种筛选—土壤培肥改良—多水源高效利用—耕作栽培配套"为核心的环渤海低平原小麦玉米微咸水补灌吨粮技术模式，用 5 g/L 以下的微咸水替代深层淡水灌溉，增产 15% 以上，每亩节约淡水 50 m³，节本增效 120 元。

省农科院旱作农业研究所研发团队，探索出作物正常生长的耐盐阈值，合理的咸淡混浇比例与时期，，配置了"一淡两咸"专利井泵，实现了节约深层淡水 25%～35%，增产 8%，亩节本增效 100～110 元。

（4）棉改增粮技术模式

以省农科院棉花研究所和邯郸市农科院为主的研发团队，采用"滨海盐碱拓棉，内地棉改增粮"的技术路线，向滨海盐碱地要棉花，向冀中南棉田要粮食，实现土地资源的高效综合利用。该技术模式主要涵盖了三项技术内容：一是研发了以"台田抑盐—隔层隔盐—抽提降水—库池蓄水—压盐灌溉"为核心的盐碱地棉花五位一体生态种植技术，改良滨海中重度盐碱地，促进河北省棉田东移；二是通过发明可伸缩护苗挡板、可调式拢禾装置等专利技术，构建了麦棉套作一年两熟技术模式，在冀南光热资源充足的传统一熟棉区，棉花不减产，小麦机械化收获，亩增收小麦 400 kg 以上，实现了棉麦双丰；三是通过对土壤耕层重构，均衡分布土壤养分，提高土壤蓄水保墒能力，构建了棉花—小麦—玉米两年三熟模式，棉花增产 7% 以上，粮食增产 10% 以上。

该团队还开发低酚棉及其利用技术，通过选育低酚棉品种，实现棉花品种棉粮饲一体化，在皮棉产量不降低的条件下，低酚高蛋白棉籽亩增收百元以上。

（5）东部低平原雨养旱作节水增粮技术模式

针对河北东部低平原春季少雨干旱，有效降雨少，产量低而不稳现状，沧州农科院研发团队从耕作制度升级出发，开展雨养旱作区蓄墒保播增收"两年三作"耕作制度及关键技术研究，研发了春玉米起垄覆膜侧播、玉米宽窄行单双株增密、小麦春季追施水溶肥、微垄覆膜侧播、冬小麦旱作"六步法"等技术，集成了"两年三作"稳产耕作种植制度。配合新技术模式，研发出 2BYLM-4 型春玉米起垄覆膜侧播双垄四行播种机、夏玉米宽窄行单双株播种机、冬小麦水溶肥追施机、冬小麦微垄覆膜侧播机等机具，实现了农机农艺配套。示范区玉米亩增产 16% 以上；小麦增产 15% 以上。

（6）杂粮轻简化栽培技术模式

由河北省农科院谷子研究所、邢台农科院和中科院遗传所农业资源研究中心组成的研发团队，针对渤海粮仓中低产田对杂粮作物生产技术的需求，将品种、栽培技术、肥料、农机深度融合，形成了品种混搭贴茬播种、深播浅埋微集雨、谷子农机农艺结合、高粱绿色轻简化生产技术，集成了谷子因地制宜保全苗、雨养旱作栽培技术模式，实现了亩增产 50 kg 以上，节工 3～5 个，节本增效 300 元以上。

（7）农牧结合循环农业发展技术模式

以省农科院棉花所、农业资源环境所、奶牛研究中心和河北九知农业组成的研发团队，通过筛选适宜的燕麦、甜高粱、青贮玉米、苜蓿等优质饲料作物品种，构建了燕麦—青贮夏玉米、燕麦—青贮甜高粱一年两熟技术模式；研发了高水分苜蓿加枣粉青贮和苜蓿—冬小麦—夏玉米轮作技术，实现了以种促养，以养带种。通过畜禽粪便快速发酵处理和高效发酵菌剂关键技术的突破，发酵时间由传统的 15～30 d，缩短到 6～10 h，面源污染小，环境友好，全封闭自动化和规范化生产生物有机肥，实现了畜禽废弃物的无害化处理、高值化利用，构建新型农牧结合循环农业发展模式，为农牧结合发展"大粮食"拓宽了渠道，为推动农业供给侧结构性改革提供了新思路与技术支撑，种植提质、养殖加工增值。通过施用优质生物有机肥，优化了土壤生态环境，使种植业生产、畜牧业转化、微生物分解形成了完整的循环链，为河北省乃至京津冀现代农牧业的健康发展做出了示范。

（8）小麦玉米一年两熟全程机械化技术模式

以省农科院粮油作物所牵头的技术研发创新团队，针对区域小麦玉米两熟种植中存在的小麦灌水过量、费工，玉米播种保苗难，植保机械不配套等难题，研发出了小麦玉米淋灌机、麦茬玉米清垄免耕施肥精播机、高地隙植保施药机等专利机械，其中麦茬玉米清垄免耕施肥精播机具有条带清理秸秆、免耕精量播种、侧施肥、覆土镇压、喷药、工作状态监测等功能，使玉米初期保苗和防止二点委夜蛾效果提高 90% 以上。通过农机农艺技术的有机融合，形成了 100～1 000 亩规模经营用户的农机配置解决方案，实现了亩节工 3～5 个，节水 30% 以上，耕种、管理、收获效率提高 50% 以上。

3. 建基地　强转化　提升服务能力

项目把基地建设作为示范推广工作的重要载体和依托，建成了沧州南皮、邢台威县、邯郸曲周 3 个国家级农业科技园区，22 个省级园区和黄骅雨养旱作、景县微咸水利用、宁晋微灌水肥一体化、巨鹿杂粮、南宫、成安、曲周棉麦双丰，威县、黄骅农牧结合等 43 个标准化示范基地，大大提高了示范展示效果。

项目先后组织了 77 家企业和新型经营主体参与了 110 项科技成果的转化工作，极大地调动了企业和新型经营主体参与项目的积极性，使研发成果快速熟化物化，带动了研发成果落地生根。

项目培育了南皮渤海粮仓种业、大地种业、兰德泽农种业公司，转化了耐盐、抗逆、抗旱节水的小偃系列、石麦系列、衡麦系列小麦品种。培育了"肥尔得"控缓释包膜肥料，"领先科技""优净""根力多"生物肥料，"威远生化""艾禾牧业"等科技型企业，为渤海粮仓区域的土壤改良、病虫草害防控，提供了服务保障，促进了循环经济的发展，善待大地母亲，净化生态环境，保障绿色生产。

项目与"中友机电""迪龙节水""农哈哈""中农博远""润丰源"等机械设备公司合作，转化专利技术 20 多项，研发示范推广了玉米清垄播种机、中耕施肥机、高地隙喷药机、收获机以及节水灌溉等设备产品，农机农艺结合，实现了科技成果、技术模式的规模化推广。

项目与新型经营主体合作，构建了种子、肥料、植保、农机、技术五大服务体系。由省技术推广总站牵头，组织开展 30 个推广县的技术服务工作，在棉增粮区、超吨粮区、微咸水补灌吨粮区、旱作雨养区、盐碱地改良区示范推广八大技术模式，技术模式在项目区实现了全覆盖，年均示范推广面积 440 万亩以上。

通过 5 年的项目实施，河北省渤海粮仓科技示范工程共取得专利 52 项，制定地方标准 26 项，发表学术论文 100 多篇；出版专著 8 部，培养科研技术骨干 20 多人，培养研究生 17 人。制作专题技术片 15 部，组织规模现场观摩会 100 多场次，发放技术资料 10 多万份，培训农民上万人次。

2013—2017 年，在沧州、衡水、邯郸、邢台 4 市累计推广八大技术模式 5 197 万亩，增粮 47.6 亿 kg，节水 41.4 亿 m³，节本增效 109 亿元。其中，仅 2017 年就增产粮食 16.65 亿 kg，节水 10.8 亿 m³。

李振声院士评价河北渤海粮仓项目：技术模式突出，措施有力，成效显著，工作走在了全国前列。

2016 年 7 月，河北省渤海粮仓科技示范工程创新团队被中共河北省委、省政府评为"高层次创新团队"，2017 年 1 月，获唯一的"年度河北十大经济风云人物"创新团队奖。

2016 年《河北省渤海粮仓科技示范工程行动方案》获河北省优秀社会科学成果一等奖。

2017 年 3 月 21 日时任国务院副总理汪洋考察了河北渤海粮仓科技示范工程宁晋基地，对基地工作给予了充分的肯定。

民富粮丰织锦绣，沃野深处涌春潮。5 年来，渤海粮仓的"大舞台"上演绎了让人赞叹的现代农业故事，流淌着农业科技人员勤劳的汗水，更折射出了省委、省政府决策阡陌、扎实推进渤海粮仓科技示范工程的劳苦与心志。

放眼未来，我们要在习近平新时代中国特色社会主义思想的指导下，围绕乡村振兴战略，农业增效、农民增收，绿色发展，改善环渤海地区生态环境的需求，农牧结合，粮饲结合，立草为业，筛选一批耐盐经济植物品种，构建"梯次推进"改良重度盐碱地技术体系，生产、生活、生态一体，一二三产业融合，为河北农业绿色高效发展和生态环境改善提供重要的科技支撑。

粮棉轮作棉花高产简化栽培技术

内容简介：粮棉轮作是指把传统的棉花一年一熟改为棉花、小麦、玉米两年三熟，即第一年种植棉花，棉花收获以后接茬小麦，第二年小麦收获以后再种植玉米，该种植模式实现了节水减肥、绿色生态、高产高效可持续发展的目标。粮棉轮作棉花高产简化栽培技术应用表明，冀中南棉区棉花亩增产 7.1%，减少用工 8～10 个，节本增效显著。本片从土壤耕层重构、选用杂交品种、平衡施肥、等行距宽行种植、简化整枝等方面介绍了粮棉轮作棉花高产简化栽培技术。

粮棉轮作两年三熟栽培技术

内容简介：粮棉轮作是指把传统的棉花一年一熟改为棉花、小麦、玉米两年三熟，第一年种植棉花，棉花收获以后接茬小麦，第二年小麦收获以后再种植玉米，该种植模式实现了节水减肥、绿色生态、高产高效可持续发展的目标。粮棉轮作两年三熟栽培技术解决了河北省中南部棉区"棉花一年一熟有余，棉花小麦一年两熟不足"的问题，实现粮棉丰收，节本增效显著。本片详细介绍了粮棉轮作两年三熟栽培模式中的棉花、小麦和玉米种植关键技术。

小麦玉米保健型植保防控技术

　　内容简介：小麦玉米保健型植保防控技术就是优选具有高效低毒低残留，而且又有保健功能的新型药剂，结合相应的农艺措施，在作物的不同生长期进行分别施药的综合防控技术。该技术实现了既能防治病虫草害又能促进作物生长，提高小麦玉米产量品质和保护环境的目标。该技术的实施表明：小麦玉米平均每亩各增产 100 kg 左右，每亩减少农药使用量 23%～26%，节省用工 1～3 个。本片主要介绍了冬小麦保健型植保防控技术和夏玉米保健型植保防控技术。

滨海盐碱地改良植棉技术

内容简介：滨海盐碱地改良植棉技术就是根据土地盐碱程度的不同，采取不同的土壤改良措施，重度盐碱地采取"上棉下渔"立体种养模式进行土壤改良，中度盐碱地采取微工程进行土壤治理，创造适宜棉花生长的土壤环境，实现在盐碱地上亩产籽棉200～250 kg 的目标，对河北省稳棉增粮战略目标的实现具有重要意义。本片从土壤改良、淡水压盐、平衡施肥、选择耐盐碱品种、开沟覆膜播种、简化整枝等方面介绍了滨海盐碱地改良植棉技术。

冬小麦夏玉米微灌水肥一体化节水高产技术

内容简介：冬小麦夏玉米微灌水肥一体化节水高产技术是把灌溉和施肥结合到一起的新农业技术，借助水肥一体化系统，根据小麦玉米不同生育期的需水需肥规律，把水和肥定时、定量、均匀、准确的灌溉到小麦玉米大田中去，作物需要多少就供给多少，不仅实现了节水节肥还实现了高产稳产。该技术与传统畦灌相比可实现节水50%左右，与传统人工撒施相比节肥20%以上。本片主要介绍了微灌水肥一体化系统、冬小麦和夏玉米微灌水肥一体化节水高产技术。

冬小麦夏玉米微咸水补灌吨粮种植技术

　　内容简介：冬小麦夏玉米微咸水补灌吨粮种植技术是河北省低平原区保证粮食产量的新型技术，指在低平原区冬小麦夏玉米一年两熟种植模式中，依据作物的耐盐与需水规律，在特定的生育期利用含盐量小于 5 g/L 的微咸水进行补充灌溉，实现每亩小麦和玉米的总产量达到 1 t 左右。该技术对于节约淡水资源，缓和水资源匮乏矛盾，促进农民增收农业增效都具有重要意义。本片从品种选择、适期播种、灌溉管理等方面介绍了冬小麦夏玉米微咸水补灌吨粮种植技术。

雨养旱作春玉米起垄覆膜侧沟播种植技术

　　内容简介：环渤海低平原区是我国粮食生产的重点区域，该地区水资源匮乏，属雨养旱作区，农业生产仍然是以完全靠天种地为主的传统方式，表现为"一年一作"和不稳定的"一年二作"，制约着粮食安全生产。春玉米起垄覆膜侧播种植技术是指采取起垄覆膜，在膜侧种植春玉米，技术核心内容为"蓄水、保墒、调温"，将春季无效降雨变为有效降雨，表现出显著的集雨保墒效果，避免了春玉米"卡脖旱"的问题，为提高春玉米产量，实现"两年三作"。

谷子微垄覆膜侧沟播栽培技术

　　内容简介：谷子微垄覆膜侧沟播栽培技术指采用微垄膜侧沟播地膜覆盖及配套农机农艺结合轻简栽培技术于一体，实现旱地谷子集雨保墒高效生产的综合技术。该技术充分发挥了微积流、保墒、增温作用，变无效降水为有效降水，提高了自然降水的利用率。采用配套轻简栽培技术，谷子单产提高 30% 以上，实现了谷子高产、高效的目标。本片从品种选择、播种技术、田间管理、适时收获等方面介绍了谷子微垄覆膜侧沟播栽培技术。

麦棉套作一年两熟双丰种植技术

　　内容简介：棉麦套作一年两熟双丰种植技术将传统春棉花一年一熟改为棉花、小麦一年两熟，充分利用棉田冬春空闲期的光热资源，以及小麦、棉花套作时形成的边行优势，实现棉花与小麦的双高产。该项技术的核心是促"双早"栽培，做到小麦早收、棉花早熟，协调好小麦与棉花的茬口衔接、共生期，从而达到保棉增粮、棉粮双丰之目的。本片从品种选择、种植模式、小麦播种、棉花播种、棉麦共生期管理等方面介绍棉麦套作一年两熟双丰种植技术。

棉花生产全程机械化管理技术

　　内容简介：河北省是传统的植棉大省，但近年来河北省的棉花种植面积却在逐年下降，实际种植面积从 2011 年的 800 万亩降到 2016 年的 330 万亩，如此大幅的下降究竟是怎么回事呢？棉花生产全程机械化管理技术就是在棉花生产过程中，使用机器替代手工劳动的技术，它的内涵涉及适宜的品种、标准化栽培、先进的农机和农机农艺的有效融合等相关的管理技术。本片从品种选择、种植模式、播种技术、田间管理、机械收获等方面介绍了棉花生产全程机械化管理技术。

棉花病虫草全程绿色植保防控技术

　　内容简介：棉花的生长周期长，从春到秋遇到的病虫草害也比较多，能否有效控制这些病虫草害，不仅影响棉花的质量还关系到它的产量和棉农的效益，那我们该如何进行防治呢？本片从棉种处理、苗期病虫害及防治、蕾期病虫害及防治、花铃期病虫害及防治、杂草为害及防治等方面介绍了棉花病虫草全程绿色植保防控技术。

苜蓿青贮技术

　　内容简介：我国苜蓿的主要产品为干草，多采用自然晾晒法调制。苜蓿主产区雨热同期，干草调制多处于雨季，空气湿度大，难于调制，且在晾晒过程中因雨淋、落叶、长时间晾晒等因素，造成高达30%左右的损失。而烘干法所需设备价格昂贵，且能源消耗大，只能在有限的范围应用。苜蓿青贮是解决上述问题的理想方法。本片主要介绍苜蓿高水分苜蓿饲用枣粉混合青贮技术。

饲用黑麦栽培技术

内容简介：饲用黑麦为越冬性牧草型黑麦品种，是禾本科黑麦属一年生草本植物，长势类似于小麦的牧草，具有抗虫、抗病、抗寒、抗旱、节水，早春发育快，再生能力强等特点。饲用黑麦属于高蛋白、高脂肪、高赖氨酸三高型牧草，营养全面，适口性好，是草食动物冬、春最理想的青饲料。在黄淮海地区可以充分的利用冬闲田种植，跟春播作物棉花、甘薯、花生形成复种，也可以跟林地、果树行间进行间作种植，提高土地的利用效率。做到了既不与粮食争地又可以填补黄淮海地区冬春季青饲料短缺这个短板，不仅增加了我们的经济收入，还保护了生态环境，推广冬闲田种植饲用黑麦具有十分重要的意义。

本片从饲用黑麦的特征特性、品种选择、播种技术、田间管理、收获贮藏等方面介绍了饲用黑麦栽培技术。

（注：《饲用黑麦栽培技术》于 2017 年 11 月 20 日在中央电视台 7 套《农广天地》栏目播出，网址：http：//tv.cctv.com/2017/11/20/VIDE1NvZm6mpiUMRRoGyZXvW171120.shtml。)

无毒棉花新品种—邯无 198

内容简介：棉花是我们每个人都熟悉的一种农作物，属锦葵科棉属植物。由于棉花种仁含有一种有毒的物质——棉酚，阻碍了棉仁里营养价值较高的蛋白质和脂肪的开发利用，浪费了巨大的优质蛋白资源，针对这一问题科学家们培育出低酚（无毒）棉花新品种。邯无 198 就是一个低酚棉花新品种，它的棉酚含量大大低于国际卫生组织和国家规定的食用安全标准，榨油后的棉籽粕不用再经过化学脱酚即可直接作为饲料或加工制作食品。本片从品种介绍、地块选择、播种技术、苗期管理、蕾期管理、花铃期管理、吐絮期管理、病虫害防治等方面介绍了无毒棉花新品种—邯无 198 及其配套栽培技术。

（注：《无毒棉花新品种——邯无 198》于 2018 年 4 月 10 日在中央电视台 7 套《农广天地》栏目播出，网址：http：//tv.cctv.com/2018/04/10/VIDEjDD06enRFHilRDMYgoWq180410.shtml。）

小麦条锈病识别与防治

内容简介：小麦条锈病俗称"黄疸病"是小麦生产上的一种世界性重要病害，我国是小麦条锈病发生面积最大、损失最重的国家。它主要为害小麦的叶片，叶鞘、茎秆，穗部也可受害。小麦条锈病是一种随高空气流远距离传播的流行性病害，一旦发生，轻者减产10%左右，重者减产50%以上，甚至绝收，以成为小麦生产的重要障碍。科学认识小麦条锈病的生物学、生态学特性和长效治理机制，采用综合治理策略，全面落实"预防为主、综合防治"的植保方针，预防小麦条锈病的爆发危害具有重要意义。本片主要介绍小麦条锈病的发病特征、发病机理、发生规律、和防治技术。

（注：《小麦条锈病识别与防治》于2018年4月16日在中央电视台7套《农广天地》栏目播出，网址：http：//tv.cctv.com/2018/04/16/VIDEIs40QdqqcNCTgvT5Vlq3180416.shtml。获第23届河北省影视艺术奔马奖网络教育课件类一等奖。）